전통 구들
쉽게
놓는 방법

국립중앙도서관 출판예정도서목록(CIP)

전통 구들 쉽게 놓는 방법 / 지은이: 문재남. — 서울 :
청홍(지상사), 2014 p.240 ; 18.8×25.7 cm

ISBN 978-89-90116-61-1 93540 : ₩30000

방구들[房—]
난방 장치 설치[暖房裝置設置]

547.72-KDC5
697.72-DDC21   CIP2014017912

전통 구들 쉽게 놓는 방법

1판 1쇄 인쇄 | 2014년 7월 11일
1판 1쇄 발행 | 2014년 7월 18일

지은이 | 문재남
펴낸이 | 최봉규

책임편집 | 김종석
표지본문디자인 | 이오디자인
마케팅총괄 | 김낙현

펴낸곳 | 청홍(지상사)
출판등록 | 제2001-000155호(1999. 1. 27.)
주소 | 서울특별시 강남구 연주로 79길 7(역삼동 730-1) 모두빌 502호
전화 | 02)3453-6111
팩스 | 02)3452-1440
홈페이지 | www.cheonghong.com
이메일 | jhj-9020@hanmail.net

ⓒ 문재남, 2014
ISBN 978-89-90116-61-1 93540

전통 구들
쉽게
놓는 방법

관요 문재남 지음

청홍

책머리에

　　가난으로 인해 일찍 학업을 포기하고 20대초 어린 나이에 가사를 책임져야 했다. 집 짓는 일을 하면서 보조일부터 이 일 저 일 가리지 않고 욕심을 내어 배우게 되었다. 당시는 집을 지으면 도시에서는 연탄구들을 놓고 그 외의 지역에서는 나무를 때는 구들을 놓아 취사와 난방을 해결했다.

　　필자는 공사를 하면서 자연스럽게 구들 시공을 몸소 체험하게 되었는데, 때론 직접 구들을 놓고 나서 방이 따뜻한지 따뜻하지 않은지도 알 수 없이 공사가 마무리되는 대로 현장을 빠져 나와야 했다. 그런데 구들방은 아궁이에 불만 때면 따뜻할 줄 알았지만, 아랫목은 뜨거워 시커멓게 타고 윗목은 열기가 닿지 않아 동태가 될 정도로 한 방에서 여름과 겨울을 한꺼번에 겪는 구들을 놓기도 하고, 또 어떤 때는 바닥에 흙을 너무 두껍게 깔아 밤새도록 떨다가 아침에 일어날 때쯤 따뜻해져오는 황당한 구들을 놓는 등, 불을 다룰 줄 모르면서 구들을 놓아 수많은 시행착오를 겪게 되었다.

　　책임자 위치에 오르면서 구들에 대한 관심이 깊어지고 불에 대한 연구도 하게 되면서부터는 구들방을 만들면 직접 불을 때고 누워 자면서 온도를 체크하고 열이 체류하는 시간을 확인하였는데, 이를 통해 구들을 놓는 것도 중요하지만 관리하는 것도 중요하다는 것을 알게 되었다. 구들 시공은 시공자의 응용 능력은 기본이고, 자재 선택과 마감하는 방법, 연료 선택, 불 피우는 방법, 불 피운 뒤 열을 관리하는 방법, 하절기 구들방 관리 방법 등 모두가 중요하다는 것을 알게 되었다.

　　또한 여러 가지 고래 구들을 연구하면서 시공 방법은 물론 재료의 규격화 등 재래식 구들의 문제점을 하나하나 개선하기 시작했고, 원하는 시간에 방을 따뜻하게 하는 방법, 아랫목부터 따뜻하던 것을 아랫목이 타지 않으면서 냉기에 취약한 양측 벽면과 윗목부터 따뜻하게 하는 방법 등 구들 시공에 따르는 여러 방법을 개선하게 되었다.

우리의 구들은 대단히 과학적이고 위생적이어서 굴뚝으로 나오는 연기는 방충제 역할을 하여 거미나 개미 같은 벌레를 퇴치하는 기능을 가지고 있으며, 하자가 없는 영구적인 설비시설로 우리 한옥과 구들은 때려야 뗄 수 없는 중요한 관계다. 사람이 살지 않아 불을 때지 않으면 집이 빨리 훼손되지만, 쓰러져가는 한옥이라도 사람이 살면서 온기를 뿜게 되면 방충·방부 기능을 하면서 쉽게 쓰러지지 않는다.

구들을 연구하면서 아쉬웠던 것은, 취사와 난방을 동시에 하는 우리 구들이 불편하다는 오명 아래 편리한 서양문화에 밀려 잊어져 가면서 기록이나 시공 방법이 정리되지 못하고 어깨너머로 근근이 명맥을 유지해 온 것이 전부며, 많은 장인들의 기술이 학술적으로 정리되지 않은 채 장인들이 세상을 떠남과 함께 기술도 사장되어버리는 안타까운 일이 많다는 점이었다. 우리 역사와 함께해온 전통문화인 구들이 지금껏 문화재로 인정받지 못하고 외면당해 왔던 것이 사실이다.

시대가 변하면서 구들에 대한 관심이 높아지고 몇몇 분들에 의해 구들 관련 서적들이 조금씩 나오긴 했지만, 학자들에 의해 역사 자료로서의 가치에 치중하여 기록된 서적이 대부분이며 시공 방법에 대한 기술 자료는 턱없이 부족한 실정이다. 따라서 정부 차원에서 시공에 관한 많은 연구가 필요하며, 지역마다 현장 시공에 참여하는 장인들을 발굴하여 그 지역 그 시대의 시공 기록을 남겨 후대에 꼭 필요한 기술이 전수되기를 기대하는 바이다.

이에 필자는 조그만 힘이라도 보태고자 그동안 구들을 연구·시공하면서 시행착오로 얻은 많은 경험을 바탕으로 역사적인 기록보다는 시공 실무에 관한 이론과 실기 위주로 책을 저술하였으며, 누구든지 관심만 가지면 구들을 쉽게 놓을 수 있도록 시공 방법에 대한 자료를 많이 정리하였다. 구들이 우리 역사와 함께해온 이래 최초로 구들 시공의 도면(평면도·단면도·입면도)을 그렸으며, 기능별 치수를 정리하였고, 단순히 불을 때 방을 따뜻하게 하는 것이 아니라, 원하는 시간에 방을 따뜻하게 하는 방법과 축열 기능을 살려 13m²(4평) 기준 한번 땔 분량인 25~30kg의 연료로 이틀에서 삼일 이상 온기를 유지할 수 있는 다양한 형태의 구들을 연구하였다.

관요 문재남

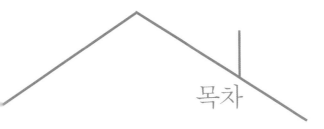

목차

1 장 구들 이야기

부록 2 문화재 수리 온돌 표준시방서

1
장

구들 이야기

01 구들이란 무엇인가

구들이란 순수한 우리말로 구운 돌에서 유래되었으며, 구들방의 준말로 직불을 때어 바닥을 데우는 온돌방을 말하기도 한다. 구들은 불을 때는 아궁이와 연기가 지나가는 고래, 연기가 외부로 빠져나가는 굴뚝으로 구성되어 있다.

채난 원리로 보자면, 아궁이에 불을 때면 고래를 통해 연기와 열기가 지나면서 고래 위를 덮고 있는 구들돌을 데우는데, '전도 · 복사 · 대류'라는 열전달 3요소가 고루 작용하면서 바닥과 공간을 따뜻하게 한다. 아궁이에 불을 지피면 불기운은 연기와 함께 고래를 통과하면서 공기를 데우고 습을 밀어내며, 축열장치 역할을 하는 구들장과 고래둑으로 전도된 열기는 오랫동안 바닥을 따뜻하게 한다.

옛말에 '등 따시고 배부르면 최고'라는 말이 있다. 방 따시고 배부르면 천하가 부럽지 않다는 말이며, 방만 따뜻해도 부자인 것이다. 배부르게 먹어도 방이 추우면 몸을 움츠리게 된다. 고유가 시대에 탄소세를 줄이면서 삼림도 보호하고, 가계비를 줄이는 차원에서도 구들방에서 생활해야 할 이유는 충분하다고 하겠다. 피부만 데우는 필름난방이나 온수온돌과는 달리, 살 속까지 데워 노폐물을 배출시키고 혈액순환을 도와 건강한 삶을 살 수 있도록 치유해주는 방이 구들방이다.

구들은 우리 고유의 문화며 우리나라가 종주국이지만, 지금 젊은 세대들 중에는 모르는 사람들이 많아 정규 교과과정에서 많이 다루면서 널리 보급해야 할 분야다.

우리의 일상에서 취사와 난방을 책임졌던 아궁이와 구들방이 화석연료에 밀린 후 구들은 가난의 상징물로 외면당하며 밀려나는 안타까운 일이 있었으나, 이제야 조금씩 인식이 변해가고 있는 실정이다. 구들의 발전을 위해 우리 문화를 지키는 장인들을 발굴하고 지원하는 일을 해야 할 것이다.

황토집에 건강한 구들방 놓기

구들방 하면 가난의 상징이었지만, 한편으로 향수에 젖어 동심 어린 시간 속으로 빠져들면서 지나간 추억을 떠오르게 할 것이다. 그런데 어느덧 얼굴에 주름이 자리 잡은 노년이 되고 보니, 구들방이 부의 상징이자 건강을 유지하고 질병을 치료하는 방으로 자리를 잡아가고 있으며, 황토 구들방을 그리워하는 분들이 점차 많아지고 있음을 목도하게 되었다.

경제성장으로 화석연료가 들어오면서 우리의 생활에 편리함을 준 것은 사실이지만, 온가족이 한 이불 속에서 발을 부비며 담소를 나누면서 함께 웃고 울며 기쁨과 아픔을 나눌 시간과 장소가 사라지고 말았다. 위엄의 상징이던 아랫목이 사라지고, 핵가족화로 모든 일을 혼자 고민하고 해결해야 하는 안타까운 일들이 늘어나면서, 그로 인한 정신적인 피폐는 경제성장의 부작용이 되어버렸다.

또한 우리의 건강은 어떠한가? 모든 것이 스위치 하나로 컨트롤 되는 물질문명의 남용으로 우리 몸의 기능은 점점 쇠약해져 갈 뿐만 아니라, 활동량이 적어지면서 각종 성인병과 대사증후군 등으로 결국은 병원 신세를 져야 하는 시간이 갈수록 많아지게 되었다. 그러다 보니 눈만 뜨면 병원이나 의원, 약국 등이 우후죽순처럼 생겨나고, 또 이런 곳을 찾게 되는 우리들의 모습을 보면 심히 안타까운 일이 아닐 수 없다. 우리 모두가 쉽고 편하고 싶은 마음에서 원격조종을 원하지만, 우리 인체는 수동으로 움직여야 녹슬지 않고 건강한 삶을 누릴 수 있다고 생각한다.

그나마 조금 위안이 되는 것은, 전기나 기름으로 열을 발생시켜 찜질을 하는 서양식의 '사우나'가 들어와 인기를 끈 후 직불로 돌을 데워 그 위에 누워 찜질을 즐기는, 돌과 황토의 만남으로 이루어진 어찌 보면 원시적인 것 같지만, 우리 전통의 구들 방식인 '황토 찜질방'도 생기면서 많은 사람이 서양식과는 비교도 할 수 없는 황토 찜질방의 매력에 빠지게 된 점이다. 뿐만 아니라 건강을 생각해 내 집에도 구들방 하나쯤 만들어야겠다고 생각하는 사람이 늘면서 필자와 같은 구들 전문가를 찾아 시공을 상담하는 경우도 갈수록 많아지고 있다.

필자는 구들을 연구하면서 우리의 구들방은 공학이고 과학이며 자랑스러운 우리 전통문화임을 다시 한 번 인정하게 되었고 우리 선조들의 지혜에 감탄을 느끼게 되었지만, 전통구들에 대한 체계적인 교육이나 기술 전수가 없었던 탓에, 일부 시공자들이 전통구들의 기본 원리나 개념도 모르고 시공을 하다 보니 영업용이나 가정용이나 큰방이나 작은방이나 구분 없이 같은 방법으로 시공하는 것을 종종 보게 된다. 그뿐만 아니라 황토방을 짓는다면서 시멘트 구들방을 만드는 사람들도 있었다.

이런 현상을 보며 아쉬운 마음에 평소 연구한 과학적인 구들 시공 방법과 질병 치유까지 바라볼 수 있는 황토방 시공 방법에 대한 기술 전수에 조금이나마 도움이 되었으면 하는 바람으로 이 책을 쓰게 되었다.

02
구들의 역사와 문헌

석기시대 불을 발견하면서 익혀 먹는 문화와 돌을 깔고 불을 피우는 구들문화가 시작되었다. 청동기시대부터 본격적으로 정착생활을 하고 농사를 짓기 시작하면서 두 갈래 이상 고래를 내어 구들을 놓고 굴뚝을 통해 연기를 밖으로 내보낸 것으로 전해진다. 고구려시대 많은 곳에서 구들을 쓴 흔적이 발견되고 있는데, 가장 오래된 유적으로는 기원전 4천~5천 년으로 추정되는 두만강 유역 서포항 집터에서 발견된 외구들을 사용한 흔석을 늘 수 있다. 전체구들은 고려시대 중기 이후부터 통구들을 사용한 것으로 추정된다. 지금까지 구들에 대한 가장 오래된 문헌 기록으로는 서기 500~513년 북위의 역도원(酈道元)이 쓴 중국의 옛 지리서인 『수경주(水經注)』권14 '포구수조(鮑丘水條)'에서 찾을 수 있다.

구들은 세계 각국의 난방 방법 중 좌식생활을 하는 우리 민족의 상징물로, 직접 불을 때 방바닥 전체를 데우는 유일한 난방설비다. 경제성장을 거치면서 연료는 나무에서 석탄, 구공탄, 연탄, 기름, 가스, 전기 순으로 발전되어 왔는데, 가계비 부담과 건강 문제가 대두되면서 직불 구들난방을 선호하는 층이 많아지고 있는 실정이다.

구들이란 말은 '구운 돌'에서 유래되었으며, 글이 없고 말로만 전해오던 것이 훈민정음 창제 이후 溫(따뜻할 온)과 突(발산할 돌)을 조합해 '溫突(온돌)'이란 한자어로 쓰게 되었다고 한다. 구들의 역사에 대한 연구가 학자들의 몫이라면 시공은 장인들의 몫으로, 앞으로 더욱 발전해나가야 한다. 과학적인 구들은 우리 선조들의 위대한 발명품으로, 어깨너머로 전수할 것이 아니라 공학적인 분석을 통해 난방 원리를 명확하게 밝히고 상세한 도면으로 남겨 후대에 전하는 것이 우리의 몫이자 의무일 것이다. 과학이자 공학인 구들을 우리가 귀히 여기고 보전해야 세계에 내놓아도 대우받을 수 있을 것이다. 구들의 역사와 문헌에 관한 이야기는 단국대 김남응 교수의 『유적으로 보는 구들 이야기』에 잘 실려 있다.

코리언 신대륙 발견

구들과 고래라는 명칭이 고래잡이배에서 유래되었다고 하는 주장이 있다. 옛날 고래를 잡기 위해서 먼 바다로 나가는 고래잡이배에는 균형을 잡기 위해 바닥에 9개의 넓고 납작한 돌을 깔았는데, 겨울이면 이 돌 위에 모닥불을 피우기도 하고 따끈한 돌 바닥에 누워 잠을 자면서 추위를 이겨냈고, 육지에 정착할 때도 돌이 없는 곳에서는 이 돌을 깔고 모닥불을 피워 추위를 이겼을 것으로 추정한다. 이 주장에 따르면 9개의 돌, 즉 구돌에서 구들로 변화되었다는 것이다.

1990년대 후반 알라스카 알류산 열도의 아막낙 섬에서 구들 유적과 고래 뼈, 뼈로 만든 낚싯바늘과 여러 도구들이 발견되었는데, 이를 울산 반구대 암각화에 새겨진 고래잡이배와 연관해 생각해보면, 선사시대 우리 선조들이 고래를 잡으러 그곳까지 갔다가 육지에 정착해 생활하면서 구들을 놓고 살았다는 코리안 신대륙 발

▲ 알라스카 아막낙 섬에서 발견된 3,000년 전 코리안 구들(온돌) 고래

견의 주장을 뒷받침하는 근거가 된다는 것이다.

코리언신대륙발견모임(http://cafe.daum.net/zoomsi)의 김성규 회장은 울산 반구대 고래 암각화를 그린 선사시대 코리언 고래잡이들이 고래를 따라 이동하다 알류산 열도 아막낙 섬에 도달했으며, 3천 년 전 그곳에 온돌을 놓았던 온돌 터가 '코리언 온돌'이라고 주장했는데, 이러한 내용은 2007년 미국 고고학 학회지에 실렸다. 곧이어 추가 추적을 통해 같은 온돌 터에서 3천 년 전 코리언들이 사용한 고래뼈 탈(whalebone mask)을 찾아냈으니, 이를 바탕으로 코리언들이 고래길(Whale Road)을 따라 신대륙 아메리카에 도달했다는 '코리안 아메리카 신대륙 발견론'을 2009년 최초로 주장했는데, 이 주장은 미국과 한국에서 큰 반향을 일으켰다. 현재 아막낙 섬의 온돌 유적을 유네스코 세계문화유산으로 등재하기 위해 노력 중이다.

구들의 명칭과 형태에서도 고래잡이와 연관성을 찾을 수 있으니, 구들 밑에 연기와 열기가 지나는 곳을 고래라고 하고, 형태면에서 아궁이 입구에서 굴뚝 방향으로 배가 불렀다가 위로 치켜 올라가는 것이 바다에 사는 고래의 배와 꼬리를 닮았다. 우리 인류의 수많은 발명품들이 자연에서 모티브를 얻어 발명된 점을 생각하면, 우리의 전통 구들도 바다에 사는 고래의 형상을 본떠 발명된 것이라는 생각도 타당성이 있다고 하겠다.

03
추억 속의 구들방

    구들과의 인연은 60년대 초등학교 시절 부모님이 시골에 작은 3칸 황토집을 지으면서부터다. 황토집은 서민들이 저렴하게 지을 수 있는 집으로 주변의 자재를 활용할 수 있어 돈이 적게 들며 공기(工期)도 줄일 수 있다. 토담 벽체는 돌 한 단에 흙 한 단을 번갈아가며 쌓았는데, 기초벽은 두께가 350mm 이상, 상부는 250mm 이상, 높이는 바닥에서 2400mm 이내로 하여 'ㄷ' 자로 3면을 쌓고, 전면에는 툇마루와 방문을 위치시켰다. 이렇게 방 2칸에 부엌(정지)으로 구성된 3칸 황토집의 난방은 취사와 난방을 겸하는 구들을 만들어 사용하였다.

    방이 2칸이었지만 연료(땔감)가 귀하던 시절이라 아궁이는 1곳만 만들어 한 아궁이에 큰 솥과 작은 솥 2개를 건 두방구들(내고래라 함)로 시공하였다. 마음 놓고 연료를 땔 수 없어 밥을 할 때만 때다 보니 부모님이 주무시는 아랫목만 따뜻할 뿐 다른 곳은 냉기만 면하는 미지근한 정도였기에 밤이면 이불 쟁탈전이 벌어지기 일쑤였다. 매서운 추위에는 밤새 방 안에 둔 그릇의 물이 얼고 걸레가 동태가 되었지만, 어쩌다 메주콩을 삶거나 고구마를 한 솥 삶은 날이면 아랫목이 뜨겁다 못해 검게 타는, 지금 생각하면 잘못 놓은 구들방이었다.

    옛말에 먹고살기 위해 산다는 말이 맞는 말인 것 같다. 그 시절은 부유층을 제외하고는 잘사는 것보다 안 굶고 사는 것이 행복한 시절이었다. 부모님들은 먹고살기 위해 장사를 하거나 아니면 이 일 저 일 닥치는 대로 하고 품삯으로 돈 대신 식량을 받아 오셨고, 어린아이도 낫을 들고 꼴망태를 멜 힘만 있으면 공부보다 나무가 우선이었다. 나도 학교를 마치고 집에 오면 책 보따리를 내려놓고 꼴망태를 메고 산으로 나서야 했다. 지게를 질 힘이 없고, 또 모든 가정에서 나무를 때다 보니 땔감으로 쓸 나무도 찾기 힘들어 마름풀을 낫으로 베어 꼴망태에 담았던 것이다.

먼 곳까지 가서 풀을 베다 더 이상 벨 게 없으면 떼 뿌리를 캐서 말려 때기도 하고 쇠똥 마른 것을 주어다 때기도 했다. 쇠똥은 풀을 먹은 분(糞)이라 화력이 무척 좋았는데, 당시 그보다 화력이 좋은 연료는 없었다. 유럽에서 개발된 나무가루를 뭉친 우

드펠릿이 그 원리라 보면 될 것이다. 일반 마른나무의 열량은 2000~2500칼로리인 데 비해 우드펠릿의 열량은 4500칼로리나 된다고 한다. 이제 친환경에너지인 우드펠릿 시대가 올 것이다. 이 모두가 추억 속으로 사라져가는 우리의 역사요 애환이 아닐까 생각한다.

04 우리 생활의 난방, 온돌과 구들

온돌과 구들은 같은 뜻으로 바닥난방을 말하며, 직접 불을 때는 구들은 우리나라 5천 년 역사와 함께 우리 선조들이 지혜롭게 사용해온 취사와 난방을 겸한 세계 유일의 열에너지 발생 설비로 혹독한 엄동설한을 버티게 하였다.

오랜 시간 우리 곁에서 굴뚝으로 연기를 내뿜으며 고향의 향수를 느끼게 했던 구들이지만, 서양문물이 들어오고 경제개발로 화석연료를 사용하면서부터 우리 생활에서 멀어져 갔다. 이제 서양의 난방 설비를 우리 문화인 양 사용하는 데 익숙해졌는데, 부수적으로 환경오염이라는 또 다른 문제가 대두되었다. 또한 화석연료의 가격이 계속 오르고, 전원생활을 희망하는 귀농·귀촌 인구가 늘어나면서 나무를 때는 벽난로와 구들방을 만들어 사용하는 가정이 늘어나고 있다. 구들방에 살아본 사람은 뜨끈뜨끈한 구들방이 얼마나 좋은지 잘 알지만, 사용하는 데 여러 가지 불편한 점이 많아 꺼리는 경우도 적지 않다.

우리가 알고 있는 옛날 전통구들은 구들돌 구하기가 쉽지 않은데, 계곡이나 산골짜기 등지에서 크면서 납작하고 두꺼운 돌을 찾아야 하다 보니 돌 구하는 데 시간이 많이 걸릴 뿐 아니라, 설령 찾았다 하더라도 돌이 크고 두꺼워 힘센 장골이 힘들게 등짐으로 지고 와야 한다. 작고 얇은 돌은 구들을 놓는 데 시간이 많이 걸리고, 돌과 돌 사이를 흙으로 아무리 잘 메운다 하더라도 연기를 잡기가 쉽지 않아 불을 때면 연기가 방안 가득 차는 불편함이 있다. 또 불을 때도 아랫목만 따뜻하고 윗목은 냉기가 도는 경우가 많고, 조금 더 불을 때면 아랫목이 타는 일도 많다. 또 아궁이 문이 없어 불이 꺼지고 나면 빨리 방이 식어버려 새벽이면 다시 군불을 지펴야 했다.

연료 문제도 간과할 수 없는데, 예전에는 모든 가정에서 나무를 땔감으로 쓰다 보니 동네 가까운 곳에서는 땔감을 구할 수 없어 수십 리를 걸어 땔감을 구해 등짐을 지고 오는 일이 일상이었고, 겨울이면 땔감을 비축하는 일이 가장 중요하고 힘든 일이었다. 이마저 여의치 않을 경우에는 농사 부산물이나 풀을 말려 때기도 하였는데, 수목이 없는 곳에 사는 사람들은 가까운 야산 등지에서 잔디(떼) 뿌리를 캐서 말려 땔감으로 쓰는가 하면, 소나 말이 풀을 먹고 볼일을 본 마른 분을 주어다 땔감으로

사용하기도 했는데, 풀을 먹고 배설한 분은 마르고 나면 고농축 천연연료로 장작불 못지 않은 화력이 발생한다. 어떻게든 겨울 난방을 해결해야 했기에 이런 갖가지 방법이 동원되있던 것이고, 필사 역시 충분히 경험해보았다.

그런데 이렇게 힘든 일임에도 좋은 점이 있었다. 옛날에는 불을 때는 일도 부인들의 몫이었는데, 아궁이 앞을 지키며 연기를 마시면서 불을 때던 부인들은 부인병에 잘 걸리지 않았다. 아궁이에서 나오는 원적외선에 자연치유 효과가 있어서 이를 많이 쬔 부인들은 자식을 낳고 산후조리를 오래 하지 않아도 빨리 회복이 되었고 부인병을 모르고 살았던 것이다.

그러나 지금은 기술의 발전으로 간편하게 시공할 수 있는 건축 자재들이 많이 개발되어 구들돌로 사용할 자재도 쉽게 구할 수 있기 때문에 눈썰미가 있는 사람이라면 직접 구들방을 시공할 수도 있게 되었다. 또 목재를 제재하고 남은 부산물이나 산사태나 태풍 등 자연재해로 쓰러진 나무, 솎아내기로 잘라놓은 나무만 하더라도 30년은 땔 수 있을 만큼 풍부한 실정이기 때문에 연료 걱정을 할 필요도 없다. 요즘 한 번 산불이 나면 크게 번지는 이유가 이렇게 쓰러지고 잘라놓은 나무가 많이 쌓여 있기 때문이다. 따라서 구들은 나무를 연료로 사용하므로 산불 피해를 줄여 환경을 살릴 수 있으며 건강에도 도움이 되는 권장할 만한 난방임이 확실하다.

요즘 구들돌은 불에 강하고 열효율이 높은 현무암(화산석) 석판이 500×500×50mm로 규격화되어 시판되고 있어 구들 놓기가 아주 쉬워졌으며, 고임돌 역시 받치기 힘들었던 둥글둥글한 자연석 대신 내화벽돌이나 적벽돌(구운돌)을 사용하므로 시공이 한결 수월해졌다. 예전에는 4평(13㎡)짜리 구들방 한 칸을 놓는 데 5~7일 정도 걸리던 것이, 2~3일이면 구들을 놓고 바닥 마감미장까지 할 수 있어 공기가 상당히 단축되었다. 또한 축열 기능을 접목하고 불을 다루는 방법을 개발하여 재래구들이라면 매일 두세 번 때야 했던 불을 하루 한번만 때면 되게 되었고, 한번 때는 양으로 2~3일간 열을 지속시킬 수 있게 되었다. 4평(13㎡)을 기준으로 했을 때 1회 때는 연료의 양은 20kg으로, 24~48시간 이상 적정 온도를 유지할 수 있어 나무 때는 아궁이에 새바람이 불고 있다.

현재 전통적인 방법이 손상되지 않는 범위 내에서 여러 가지 열효율이 좋은 방법들을 접목하여 구들이 시공되고 있다. 전통은 변하지 않는 것이 아니라 변하는 것이며, 다시 몇 십년이 흐른다면 현재의 방법이 전통이 되는 것

이다. 자재의 현대화와 시공기술의 개발로 열효율이 좋은 구들방이 계속 개발되고 있다.

지금은 불을 때면 아랫목부터 따뜻해지는 것이 아니라 윗목부터 따뜻해지며, 난방 방법이 계속 개발되는 가운데 단순히 아궁이에 불을 때 방바닥만 덥히는 것이 아니라, 복합난방으로 바닥에 호수를 깔고 순환모터를 달아 다른 방을 하나 더 데울 수도 있는데, 기름보일러 같이 바닥 난방도 되면서 따뜻한 물을 여러 방법으로 사용할 수 있다.

아궁이 구들방을 만드는 방법은 부뚜막형과 함실형, 벽난로형으로 구분할 수 있는데, 솥을 걸고자 할 때는 부뚜막형으로 벽 밖에 부뚜막을 만들어 솥을 걸고 물을 끓이거나 삶고 찌는 여러 방법으로 활용할 수 있으며, 옛날 연탄보일러처럼 불 위에 물통을 올려 따뜻한 물을 쓸 수도 있다. 함실형은 난방을 위주로 군불을 지피는 방식인데, 나무를 깊이 넣을 수 있어서 방을 빨리 데울 수 있고, 부뚜막에 빼앗기고 소비되는 열이 없어 방 안의 열을 오래 지속시킬 수 있는 방법이다. 또 방 아랫목 쪽에 스데인리스 물통을 설치하면 열이 지나가면서 물을 데우기 때문에 4인 가족의 샤워 물로도 사용할 수 있어 찜질과 샤워를 함께 할 수 있는 가정용 사우나가 되기도 한다. 벽난로형은 거실에 벽난로를 설치하여 불을 때 거실 공기를 데우고 위로 올라가는 불

을 뉘어 구들방을 통과하게 해서 거실과 방에 열을 동시에 보낼 수 있는 방법이다. 불을 때고자 마음만 먹고 장소만 허락한다며 에너지 효율을 높여 연료비를 절약하면서 여러 가지 방법으로 편리하게 활용할 수 있다.

전통구들은 지속난방을 하지만 열을 가두거나 모아두지 못하고, 불을 때고 난 후 새나가는 열이 많아 방이 빨리 식었다. 그러나 지

금은 새로운 자재와 기술을 개발, 불의 원리를 이용해 열이 방 안에 오래 머물 수 있도록 열을 가두고 새나가지 않게 단열을 할 뿐만 아니라, 아궁이 문을 2중으로 하여 열이 새나가지 않게 하였다.

친환경적이면서 치유도 겸하는 우리의 구들은 관광 상품으로 내놓아도 손색이 없으며, 문화유산으로서도 충분한 가치가 있기에 유네스코 세계문화유산으로 등재해야 한다고 생각한다. 천재지변으로 단전되었을 때도 취사와 난방을 해결할 수 있는 아궁이 구들방이 하나쯤 필요하지 않을까 생각하며, 구들을 연구하는 한국인으로서 자부심을 가지고 나무를 때는 구들을 계속 연구해나갈 것이다.

05
칠불사 아자방의 비밀

(1) 칠불사 이야기

칠불사는 경남 하동군 화개면에 위치한 지리산 중심봉인 반야봉 남쪽 해발 8백m 지점에 자리 잡고 있다. 『삼국유사』 「가락국기」에 따르면, 김수로왕은 서기 42년에 태어났으며, 9세나 연상인 인도 아유다국의 허황옥 공주를 왕비로 맞아 10남 2녀를 두었다. 그 중 장남은 왕위를 계승하였고, 둘째와 셋째 왕자는 어머니의 성을 이어받아 김해 허씨(許氏)의 시조가 되었으며, 나머지 일곱 왕자는 서기 97년 외숙인 장유 보옥 화상을 따라 출가하였다. 일곱 왕자는 가야산에 입산하여 3년간 수도하다가 101년 두류산(지리산)에 들어와 현 칠불사 터에 운상원(雲上院)을 짓고 정진한 지 2년 만인 103년 8월 15일에 모두 성불하였다. 이들 일곱 왕자 곧 칠불의 명호는 금왕 광불(金王光佛), 금왕상불(金王相佛), 금왕행불(金王行佛), 금왕향불(金王香佛), 금왕성불(金王性佛), 금왕공불(金王空佛)이었으니, 김수로왕은 일곱 왕자가 동시에 성불한 것을 크게 기뻐하여 큰 절을 짓고 칠불사(七佛寺)라 하였다.

진응선사가 지은 『지리산지(智異山誌)』에 따르면, 지리산은 칠불조사(七佛祖師)인 문수보살이 머무는 산으로, 칠불의 어머니라는 뜻에서 비롯된 사찰이라고 설했다. 일곱 왕자가 수도를 할 적에 어머니인 허왕후는 아들들이 보고 싶어 자주 이곳에 들렀다. 그러나 올 적마다 오빠인 장유화상이 산문 밖에 버티고 서서 "아들들의 불심을 어지럽힌다."고 꾸짖은 후 돌려보냈다. 허왕후는 생각다 못해 범왕(凡旺) 부근에 임시 궁궐을 짓고 이곳에 머물면서 계속 아들들을 찾아 나섰으나 그때마다 오빠에게 쫓겨났다고 전한다. 그런데 하루는 허왕후가 산문에 다다랐을 때 미소를 머금은 장유화상이 기다리다 "네 아들들이 성불했으니 오늘은 만나보아라." 하므로 왕후가 머뭇거리자 공중에서 "연못을 보면 만날 수 있다."는 소리가 들려 연못을 들여다보니 황금빛 가사를 걸친 일곱 아들이 공중으로 올라가는 모습을 볼 수 있었다. 이것이 아들들과의 마지막 만남이었다. 당시 허왕후가 아들들을 보았다는 연못은 절 아래쪽 150m 지점에 있는 직사각형 인공 연못으로 작은 돌을 차곡차곡 쌓아 축조했는데, 6·25 때 허물어진 것을 보수했다. 이름이 영지(影池)인 이 연못은 칠불사에서 마주 보이는 반개연화봉(半開蓮花峰)의 기운이 화(火)이기 때문에 절에 불이 잦아 이를 제압하기 위해 만든 것이라 한다. 이렇듯 이곳에는 김수로왕과 허왕후와 관련된 지명이 많다. 범왕(凡王)마을은 당시 김수로왕이 머문 데서 연유되었고, 대비마을(大妃洞)은 허왕후의 임시궁궐이 있던 곳이다. 범왕마을 오른쪽은 김수로왕이 이곳에 도착했을 때 저자(시장) 서는 것을 보았다고 해서 '저자골'이라 부르며, 허왕후가 어두워 질 때 당도해서 어름어름했다고 '어름골'이라 부르는 곳도 있다.

이 칠불사에는 1976년 경남남도 유형문화재 144호로 지정된 아자방이 있는데, 단순히 지방문화재라 하기에는 너무나도 큰 가치를 지니고 있다. 한번 불을 때면 49일 동안 따뜻했다는 아자방의 묘미는『세계건축사전』에도 기록되었을 정도다.

신라 제52대 효공왕(孝恭王) 때 구들

도사로 불리던 담공선사가 벽안당에 구들을 놓으면서 아(亞) 자 모양으로 축조한 것이 유명한 아자방이다. 방고래가 8m에 달하는 일종의 이중(二重) 온돌 형태의 아자방은 한번에 7짐 정도의 나무를 3개의 아궁이에 때면 49일 동안 따뜻했다고 한다. 아깝게도 1951년 여순반란 사건의 공비 토벌 때 소실되어 그 터만 함석으로 덮어 보호하고 있다가 1982년 5월 31일에 복원하였다.

(2) 아자방의 비밀

다음은 무운 김명환 선생이 해석한 『와혈비결(窩穴秘訣)』 권4 구조편 '아자방 28도설'에서 그 내용을 발췌해 옮긴 것이다.

전설의 아자방은 평수가 16평으로, 겹구들 방법으로 시공하였으며, 한번 불을 때면 그 열이 100일간 유지되었다고 한다. 밖의 벽은 아(亞) 자 형태로 되어 있고, 속 고래는 십(十) 자 모양으로 구들장을 축열하고, 불이 탈 때는 만(卍) 자 형태로 차례로 돌아 타는 구조요, 연기는 방 중앙으로 모여 이래로 빠지는 방식이며, 이 모두를 합친 구조를 아자방이라 한다. 방 모서리의 나무기둥이 주춧돌에서부터 6자라고 하면 고래 속에 나무를 많이 넣고 불을 지피면 나무기둥이 타게 된다. 타지 않게 돌과 흙으로 나무기둥을 감싸다보면 고래의 모양이 버금 아(亞) 자나 열 십(十) 자 모양이 된다고 한다. 이런 아자방의 특징은 다음과 같다.

① 아궁이가 세 곳에 있었다.
② 방바닥 두께는 1m다.
③ 구들돌의 두께는 200mm이고, 장판은 100mm로 종이와 기타 풀로 마감했다.
④ 아궁이의 높이는 6자다.
⑤ 장작 일곱 짐을 장골이 지고 들어갔다.

⑥ 바닥은 온통 자갈투성이다.

⑦ 아자방의 크기는 8m×8m이다.

아자방은 몇 번 전소되었다가 1982년 구들 장인인 김용달 옹에 의해 복원되었으나, 원형을 그대로 복원하지 못한 탓에 그 기능을 제대로 다하지 못하여 49일간 온기를 유지하는 데 그치고 있는 실정이다. 이 시대의 장인들이 다시 한 번 뜻을 모아 재현해본다면 100일의 수수께끼도 풀 수 있지 않을까 생각한다. 21세기 구들을 연구하는 사람으로서 아자방 같은 구들을 꼭 한번 시공해보고 싶다.

열은 불을 땐 만큼 발생하지만, 열이 몇 도까지 올라야 한다는 기준은 없으며 그냥 따뜻하다는 표현은 할 수 있을 것이다. 그러나 불을 어떻게 때고 보관·관리하느냐에 따라 문제는 달라질 수 있다. 필자가 연구한 결과에 따르면, 불을 땐 후 열이 최고도로 오르는 시간과 체류하는 시간, 떨어지는 시간으로 3등분 할 수 있는데, 열은 올라가는 만큼 체류하고 체류하는 만큼 떨어진다. 단, 열손실이 없었을 때를 기준으로 한 것이며, 열손실이 많은 아궁이 같은 경우에는 떨어지는 속도가 빨라진다.

열을 오래가게 하기 위해서는 불 때는 방법을 조절하면 된다고 보며, 많은 나무를 때면서 오래 체류할 수 있게 하려면 처음엔 불문을 열어 활활 타게 하고, 어느 정도 화력이 발생할 때 산소구를 조절하여 숯을 굽듯 최소한으로 연소되도록 하면 오래 갈 수 있다. 이렇게 불을 조절하면 타는 시간이 배로 늘어나게 된다.

아자방에서 중요한 것은 단열과 축열이다. 단열과 축열이 동시에 이루어진 것은 기둥을 보호하기 위해 쌓은 돌과 흙이 기본적으로 단열과 축열 기능을 했다고 생각하며, 연료도 마른나무보다 송진이 많은 생나무와 열량이 높은 나무를 태웠을 가능성이 높고, 숯 굽는 방법으로 나무를 세워서 쌓았을 것으로 판단되며, 이외에도 여러 가지 문제를 추리할 수 있을 것이다.

06

전통구들의 문제점과 개선한 구들

(1) 복층구들 특허 도면 명세서

발명의 명칭

복층 구조의 축열식 온돌 구들(Korean underfloor heating system with multi-layer structure)

기술 분야

본 발명은 복층 구조의 축열식 온돌 구들에 관한 것으로, 더욱 상세하게는 온돌 구들의 구조가 함실아궁이와 연결되는 제1고래층과 제1고래층의 하측에 연결되는 제2고래층으로 형성된 복층 구조로 구성됨에 따라 지면에서 올라오는 습기 및 냉기를 완벽하게 차단할 수 있고, 함실아궁이에서 생성된 고온의 열기가 구들의 외부로 유출되지 않고 구들의 내부에서 장시간 체류됨으로써 열손실을 최소화하여 연료의 효율성을 극대화시킬 수 있는 복층 구조를 갖는 축열식 온돌 구들에 관한 것이다.

발명의 배경이 되는 기술

역사적으로 흙문화와 온돌 구들문화는 현재까지도 많이 사용되고 있는 오래된 인간의 주거문화다.

인간이 불을 사용하면서 흙을 불에 구워내어 벽돌을 만들고, 이 벽돌을 집을 짓는데 사용하면서 보편화된 흙문화는 19세기에 접어들면서 서양에서 시멘트와 콘크리트가 개발됨에 따라 그 사용의 편리성으로 인해 광범위하게 파급되었다.

그러나 상기와 같은 새로운 건축 재료인 시멘트와 콘크리트는 강한 내구성을 갖는 반면에 화학물질로 조성된 그 배합에 의해 인체에 유해한 성분을 배출하게 되는 문제점이 있었고, 이로 인해 많은 현대인이 각종 성인병 및 스트레스 등과 같은 과거에는 존재하지 않았던 현대병에 시달리게 되는 문제점이 있었다.

따라서 최근에는 이와 같은 문제점을 해소하기 위하여 온돌 구들을 이용한 난방방식이 다시 재조명되어 확산되고 있는데, 이는 일반적인 아궁이에서 연료를 연소시킬 때 생성되는 화기(火氣)가 고래를 지나면서 구들을 가열시킴으로써 실내의 난방 공간이 데워지는 우리나라 고유의 난방법으로, 이와 같은 온돌 구들의 채난원리(採暖原理)는 열의 전도를 이용한 것인데, 즉 방바닥 밑에 깔린 구들장에 고온의 열기를 도입시켜 온도가 높아진 구들장에서 방출되는 열을 이용하여 난방하는 것으로 전도에 의한 난방 이외에 복사난방과 대류난방을 겸하고 있다.

그러나 이와 같은 종래의 온돌 구들은 지면에서 올라오는 습기 및 냉기를 막을 수 있는 별도의 수단이 구비되어 있지 않음에 따라 상기 습기 및 냉기로 인해 화력이 약화되어 아궁이의 불이 꺼지게 되면 실내의 난방 공간이 급격하게 빨리 식게 되는 문제점이 있었다.

그리고 땔감으로 농사 부산물이나 건부지기 등과 같은 바람에 날리기 쉬운 연료를 사용할 경우, 함실 뒤턱을 주지 않은 관계로 고래가 자주 막히게 됨에 따라 청소를 용이하게 하기 위하여 줄고래 방식으로 고래를 형성하다 보니, 열기가 바깥쪽으로 전달되지 못하고 중심부에 집중되어 골고루 분산되지 못함으로써 열효율이 저하되는 문제점이 있었다.

또한 고래개자리에서 연도를 통해 굴뚝대로 통하는 통로가 방 높이와 비슷하게 뚫려있어 열기가 굴뚝대를 통해 별다른 장애 없이 외부로 유출됨에 따라 열손실이 많아지게 되는 문제점이 있었고, 굴뚝대를 통해 습기가 고래의 온돌 구들의 내부로 유입되어 열기가 약화되는 문제점이 있었다.

이 밖에 고래의 구조가 줄고래 방식으로 형성됨으로써 고래뚝이 많은 열을 흡수하면서도 습기로 인해 많은 열을 발산하지 못하게 되고, 열기가 바깥쪽으로 고르게 분산되지 못하며, 함실에서 배당받은 열기가 구들의 중심과 바깥쪽에 각각 다르게 전달됨에 따라 중심 쪽은 열기가 집중되어 바닥이 타게 되고, 바깥쪽은 열기가 전달되지 못하여 곰팡이가 피게 되는 등 여러 가지 문제점이 있었다.

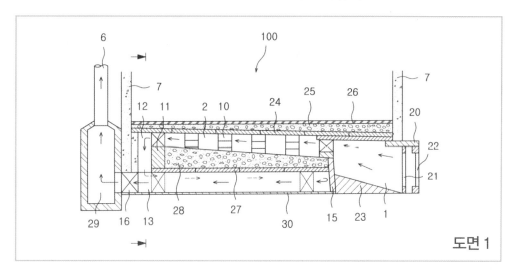

도면 1

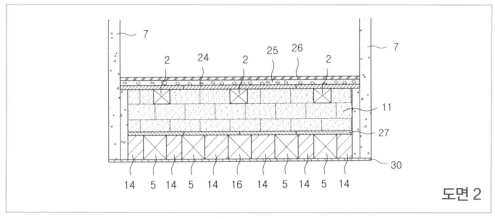

도면 2

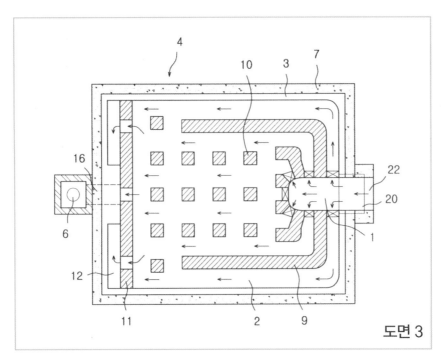

도면 3

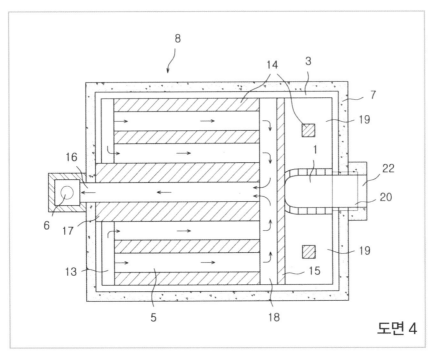

도면 4

1 : 함실아궁이
2 : 고래
3 : 외부 구들턱
4 : 제1 고래층
5 : 내굴길
6 : 굴뚝대
7 : 외벽
8 : 제2 고래층
9 : 제1 고래뚝
10 : 고임돌
11 : 고래턱
12 : 제1 고래개자리 상층
13 : 제1 고래개자리 하층
14 : 제2 고래뚝
15 : 함실 격벽
16 : 연도
17 : 연도 격벽
18 : 제2 고래개자리
19 : 제3 축열층
20 : 이맛돌
21 : 내부 화구
22 : 외부 화구
23 : 경사면
24 : 제1 구들장
25 : 제1 축열층(황토자갈층)
26 : 마감층
27 : 제2 구들장
28 : 제2 축열층(부토층)
29 : 굴뚝개자리
30 : 습기 차단부
100 : 온돌 구들

32

습 차단용 복층구들

구들방에서 문제가 되는 것은 불을 죽이는 습이다. 습을 차단하는 방법으로 기초 공사 시 방바닥 높이를 800mm 이상 유지한 상태에서 평탄작업을 하고, 비닐을 한 두 겹 깐 다음 50mm 정도 콘크리트를 치고, 200mm 전후 높이의 습 차단용 구들돌 을 깔아서 상부 축열 공간의 부토층 높이를 조절한다.

지반

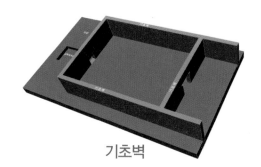

기초벽

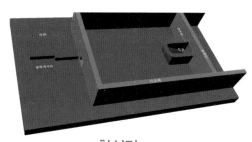

함실턱

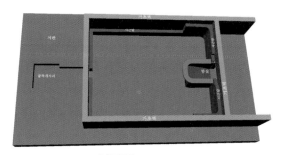

시근담

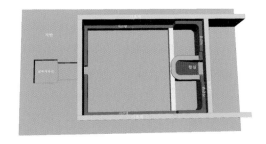

하부뚝

하부고래뚝

이중바닥판

상부시근담

이맛돌

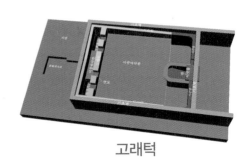

고래턱

고래뚝

고임돌

부토층

불목돌

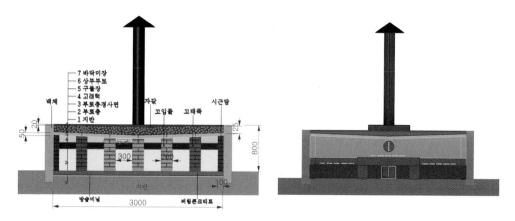

이중고래 횡단면도

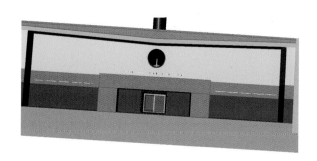

연도개폐시 사시도

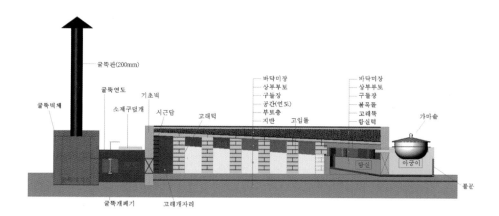

종단면 명칭

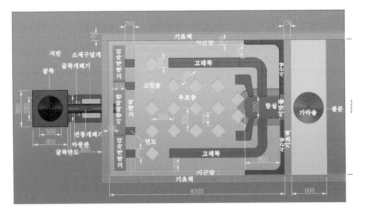

이중고래 원형도 치수

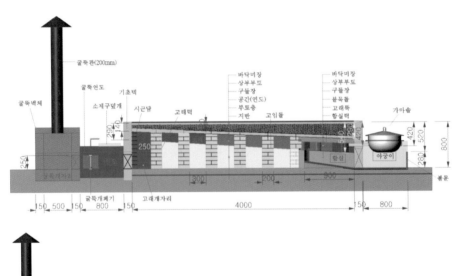

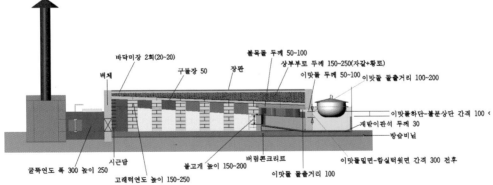

종단면 치수

(2) 재래구들의 문제점 ①

- 화구 : 불문이 없어 바람 유입을 막을 수 없으니 방이 빨리 식는다.
- 함실턱 : 연료에도 문제가 있지만, 함실 안에 뒤턱을 두지 않아 재가 바람을 따라 고래 속으로 딸려가는 바람에 고래가 자주 막힌다.
- 열 분배 : 줄고래의 경우 배당받은 열은 굴뚝 쪽으로 흘러가면서 중심부에 많이 부딪히게 되어 아랫목은 따뜻하지만 외벽 쪽은 열을 받지 못해 항상 냉기가 흐른다.
- 고래뚝 : 자연석과 흙으로 지반에 두둑을 쌓아 줄고래뚝을 만들다 보니 습한 바닥에서 올라오는 습으로 인해 방이 빨리 식는다.
- 고래턱 : 고래턱은 고래에서 고래개자리로 넘어가는 곳이다. 열을 가둘 수 있는 곳이지만 아무런 차단 없이 열이 흘러가게 되어 지속 난방을 해도 방이 춥다.
- 연도 : 연도는 고래개자리로 넘어오는 연기를 굴뚝으로 연결하는 장치다. 습과 연기와 열을 구분하여 열은 가두고 연기만 보내야 함에도 고래개자리와 연도 굴뚝이 열려 있는 관계로 고래개자리로 넘어온 열이 아무런 제재 없이 굴뚝으로 빠지게 되어 방이 빨리 식는다.
- 방바닥 : 열은 고래를 지나면서 구들돌로 전도되어 방바닥을 데우지만, 따로 축열 기능이 없어 방 안의 냉기와 구들 밑의 습기로 인해 바닥이 급격하게 식으니 새벽이면 추위를 느끼게 된다.

(3) 재래구들의 문제점 ②

구들은 취사와 난방을 겸하는 세계적으로 독특한 난방 방식이지만, 체계적인 교육과 전수가 이루어지지 않아 그저 눈썰미 있는 사람이 어깨너머로 배운 방법으로 시공을 하며 명맥을 유지하고 있는 실정이다. 이렇게 불을 다루는 방법이나 가두는 방법 등에 대한 체계적인 연구와 교육이 없고 자재에 대한 연구개발도 미진하여 열을 다루고 가두지 못하는 여러 가지 문제점을 안고 있지만, 특별한 대안 없이 지역마다 각기 다른 방법으로 단순히 취사와 난방을 위한 시공이 오늘날까지 이어지고 있다.

- 방이 빨리 식는 이유 : 하루 2~3번 취사를 위해 지속난방을 하지만 아궁이와 굴뚝대를 막는 장치가 없기 때문에 밥을 지을 때 얼마 정도 따뜻하다가도 구들 밑 땅바닥에서 올라오는 습으로 인해 열기가 밀려나면서 방이 빨리 식게 된다. 동절기에 군불이라고 하여 별도로 깊은 불을 때긴 했으나 땅바닥에서 올라오는 냉기를 막을 수는 없었던 것이다.

- 방이 골고루 따뜻하지 않은 이유 : 재래구들은 열을 가두고 골고루 분배하지 못하다 보니 한 방에서도 장판이 탈 정도로 뜨거운 곳과 냉기가 흐르는 곳이 생긴다. 또한 굴뚝으로 많은 열이 빠져나가기 때문에 생산된 만큼의 열을 효율적으로 사용하지 못하였다.

- 열을 가두지 못하는 이유 : 생산된 열을 가두지 못하는 것은 고래를 놓은 방법 때문이다. 고래 속 재를 쉽게 청소하기 위해 줄고래 방법으로 놓다 보니 열 분배가 안 되고, 아궁이에서 출발한 불은 고래를 통해 고래개자리(회굴)로 직진하는 관계로 열을 가두지 못하고 분배 또한 되지 않으며, 고래개자리에서 연도를 통해 굴뚝대로 바로 연결되어 있는 관계로 열이 빠르게 빠져나가는 것이다.

- 축열하지 못하는 이유 : 지속난방을 함에도 축열이 안 되는 이유는, 고임돌이 축열을 한다고 하지만 아궁이의 불이 꺼지면 바닥의 습과 바람의 영향으로 빠르게 식어버리는 것이다.

- 연기를 잡기 힘든 이유 : 재래구들은 규격화되지 않은 자연 상태의 돌을 맞춰 빈 공간을 메웠던 관계로 연기를 한 번에 잡기가 어려웠다. 그리고 아무리 잘 메운

다 하더라도 불을 때면 수축 현상이 일어나 약한 곳에 균열이 생기면서 연기가 올라오게 된다. 따라서 시공에 많은 시간이 소요되었던 것이다.

(4) 문제점을 개선한 구들

개선한 구들은 재래구들의 단점을 보완한 복층 구들로, 화승수하(火昇水下, 열은 올리고 물은 내림)의 원리를 이용해 재래식 구들방의 사용상 문제점을 보완하여 내가 원하는 시간에 방을 따뜻하게 하면서 아궁이(함실)에서 생산된 열이 방 안에 오래 머무르도록 고안하였다. 열의 3대 원리인 전도 · 복사 · 대류의 원리를 공학적으로 적용해 축열함으로써 재래구들에 비해 열을 3배 이상 지속시킬 수 있다.

〈 문제점 〉

재래구들의 여러 문제점 중에 중요한 몇 가지를 들면, 습(물)이 불을 죽인다는 생각을 하지 않았다는 점, 고래 청소를 쉽게 할 목적으로 줄고래 방법으로 고래를 만들다 보니 열이 외곽으로 가지 않고 중심부에 집중되는 점, 고래개자리에서 연도를 거쳐 굴뚝으로 통하는 길이 그대로 열려 있어 열이 고래개자리로 아무런 장애 없이 넘어가게 되어 열 손실이 많다는 점, 굴뚝대가 비를 막지 못하고 습을 발생시켜 열을 차단하는 역할을 한다는 점 등이다.

⇒ 개선된 구들

일차적으로 습을 차단하는 방법으로 평탄 작업 후 흙바닥에 비닐을 깔고, 냉과 습에 약한 외벽을 2중으로 쌓아 습을 차단하면서 보온을 돕고, 구들장을 복층으로 놓아 습과 열을 분리하는 방식으로 시공한다. 퍼졌다 모이는 불의 특성을 응용해 열을 분배하는데, 냉기에 취약한 함실 좌우 외벽 쪽은 방 길이의 2/3 지점까지 줄고래로 하고 중심은 흩은고래로 하여 열기가 방 전체로 골고루 퍼지게 하였으며, 고래에서 고래개자리로 넘어가는 턱을 굴뚝대 지름의 3~4배 정도로 하여 직선으로 오는 열을 차단해 돌아가게 했다. 재래구들은 고래개자리가 굴뚝과 직통으로 연결이 되어 있는 관계로 열 손실은 물론 역풍을 차단하기 어려웠으나, 개선된 구들은 복층으로 하여 1층은 고래개자리 바닥의 습을 차단하는 공간으로 두고, 고래 바닥 높이와 같이 막아 열을 위로 뜨게 하였다. 연기 토출구는 좌우 외벽 가까이로 굴뚝대 지름의 2배 정도로 열어 두었다.

〈 문제점 〉

줄고래로 하면 함실에서 생산된 열을 분산하지 못하고 가장자리와 중심이 각기 다르게 받다 보니, 외곽은 열을 받지 못해 곰팡이가 피고, 중심은 많은 열로 바닥이 타는 현상이 나타난다.

➡ 개선된 구들

중앙으로 가는 열보다 외벽 쪽으로 가는 열을 배 이상 많게 하면서, 방 길이의 2/3 지점까지 줄고래로 유도한 후 다시 흩은고래로 전환해 중심 열과 만나게 함으로써 남은 열을 공유하게 한다.

〈 문제점 〉

바닥의 습을 차단하지 않은 상태에서 줄고래로 하다 보니 많은 양의 열을 흡수하고서도 바닥의 습기로 인해 열을 오래 가지고 있지 못하고 흡수했던 열을 급속히 빼앗기게 되는데, 방바닥으로 전도되었던 열까지도 빼앗기는 바람에 새벽이면 추워 다시 불을 때야 하는 경우가 많았다.

➡ 개선된 구들

열을 많이 빼앗기는 줄고래의 고임돌을 최소화하면서 흩은고래로 기본 구들만 받치는 방법으로 하였다. 습이 많은 구들 밑 대신 습이 없는 구들 위에 주먹돌과 자갈층을 두어 주먹돌은 열을 전도하는 역할을 하도록 하고, 자갈층은 열을 저장하는 역할을 하도록 하여, 재래구들에서 8시간 정도 유지되던 열기를 같은 양의 연료로 24시간 이상 유지할 수 있었다.

고래 방법은 혼합고래로 하였는데, 혼합고래로 하니 열을 붙들어 손실을 줄이고 방 전체가 동시에 열을 받아 단시간에 방 전체를 골고루 따뜻하게 할 수 있었다.

열은 전기의 원리와 같아 전도에 의해 흘러가는데, 재래구들의 단점을 보완하면 많은 열을 받게 할 수 있다. 딱딱한 물체는 열을 빨리 받는 대신 빨리 식는 단점이 있어 돌만으로는 장기적인 축열을 기대하기 어렵기 때문에 흙과 함께 혼합하여 축열을 돕도록 하였다. 흙은 기공이 많은 다공질 재료로, 열을 가진 돌을 보호하면서 보온 효과를 오래 지속시키는 효과가 있다.

연소 후 열이 전도되는 시간은 100mm 두께의 구들일 경우 100분의 시간이 소요된다. 연료의 양이 많으면 연소시간이 길어지는 만큼 온도가 상승하는 시간이 길어지고 당연히 열이 체류하는 시간도 길어진다. 고래 바닥에 축열하는 방법은 자갈과 흙을 깔고 면 고르기를 잘해주는 것이다. 바닥에서 올라오는 습을 근본적으로 차단하는 방법으로는 기초판 아래에 비닐을 깔고 버림 콘크리트나 흙으로 덮어주는 것이 최상이다.

(5) 좋은 구들방의 4대 조건

① 불이 잘 들어야 한다

습이 차지 않아야 하고 아궁이와 굴뚝 위치를 잘 잡아야 한다. 아궁이 위치는 바람이 시작하는 곳이나 산을 바라보는 쪽, 혹은 바람이 몰리는 쪽이 좋다. 굴뚝대는 아궁이 반대편이 좋다. 연료로는 마른나무를 때야 하고, 불을 피울 때도 연료 사이사이에 산소공급이 되도록 얼기설기 놓아야 하며, 나무 몸통부터 태우는 것이 아니라 앞쪽부터 차근차근 타도록 해야 불이 잘 붙고 방이 따뜻하다(불을 잘 피우는 것도 기술이다).

② 방이 골고루 따뜻해야 한다

방이 골고루 따뜻하려면, 불이 퍼졌다가 약하면 다시 모이는 특성을 이해하고 함실에서 열 분배를 잘 해야 한다. 열기가 부족한 외곽은 줄고래로 방 길이의 2/3 지점까지 유도하여 중심 부분보다 열 분배를 배 이상으로 많이 하고, 중심부는 흩은고래로 하여 온방에 퍼지게 한다. 고래턱에서 최대한 막아 열이 체류하도록 한다.

③ 열이 오래가야 한다

생산된 열을 축열하는 방법으로는 2중 구들 방법과 구들돌 위에 주먹돌을 깔고 자갈과 황토를 혼합하여 공기층을 두는 방법이 있다. 아궁이 문을 2중으로 막고 연도에 댐퍼를 달아 연료가 타고 난 후 바람의 유입을 막는다.

④ 연료는 적게 들어야 한다

내부 습을 없애고 단열이 잘 되게 하며, 화력이 좋은 마른나무를 사용한다.

07
구들의 7대 원리

구들을 시공하기 위해서는 불·물·바람·재료·연료·시공자·사용자의 7대 원리를 알아야 한다. 시공자가 불·물·바람의 성질을 모르고 구들 재료와 연료를 모르면, 시공 방향을 잡지 못해 부실하고 기능이 안 되는 시공이 될 것이며, 사용자가 관리와 사용방법을 알아야 구들방을 오래 유지할 수 있다.

(1) 불의 원리

불은 한쪽을 들면 빠르게 올라간다. 위로 뜨는 불과 열을 어떻게 잘 유도하느냐가 우리의 과제다. 불은 열을 생산하고, 열은 전도·복사·대류의 원리에 의해 바닥과 공간에 남게 되는데, 이 열을 어떻게 잘 축열하느냐에 따라 열이 오래갈 수도 있고 빨리 식을 수도 있다.

촛불이나 아지랑이 같이 불꽃이 힘껏 퍼졌다가 약해지면 다시 모이는 불의 특성을 잘 이용해 최대한 멀리 유도하는 것이 중요하다. 또한 불은 연료에 따라 약한 불과 강한 불로 나눠지고, 기능자의 머리와 손길에 따라 그 불길이 단숨에 멀리 갈 수도 있고 짧게 갈 수도 있다. 함실에서 생산된 불은 고래를 통과하면서 고임돌이나 구들장의 방해를 받지 않는 한 멀리까지 진행할 수 있다. 불의 진행 방향을 너무 막으면 입구만 뜨거워져 결국은 입구가 타는 현상이 나타난다. 생산된 열은 구들돌과 고임돌로 전달되고 또 습기에 빼앗기고 나면 더 이상 진행할 수 없게 되면서 소멸한다. 여기까지 진행하는 데는 바람이 없으면 불가능하다.

작은 불씨에서 시작해 불꽃을 만들고, 불길을 따라 진행하면서 고임돌과 구들장에 열을 주고 나면 불꽃은 약해지면서 사라지는데, 열기로 변해 진행하다 약해지면 다시 모여들면서 마지막 남은 열을 모두 남기고 식어버린다. 그 열이 팽창하면서 전도될 때 축열할 수 있도록 장치를 하면 열이 공간에 오래 남게 된다. 여기서 내부 습의 양에 따라 열의 체류시간과 전도 및 복사 방법이 달라진다.

불은 어둠을 밝히는 고마운 등불이 될 수도 있지만, 화재를 겪었거나 불에 덴 적이 있으면 불은 뜨겁고 무서운 화마(火魔)로 기억될 것이다. 우리 생활에

없어서는 안 될 아주 중요한 에너지이지만 잘못 다루면 무서운 괴물로 변화는 것이 바로 불이다.

하지만 이 불을 주거 공간에서 취사와 난방에 활용하면서 건강을 지키고 가계경제의 부담을 줄이며 환경도 보호할 수 있는 방법으로 사용할 수 있다. 바로 구들장이란 돌을 방바닥에 깔고 그 밑으로 이 불을 통과시킴으로써 우리 생활에 편리한 온돌 난방에너지로 사용할 수 있으니, 이런 불은 정말 없어서는 안 될 유익한 불이 아닌가 싶다.

불의 특성

불은 위로 뜨는 성질을 가지고 있기 때문에 고래에서도 열이 뜰 수 있는 공간을 만들어주는 것이 좋다. 또한 멀리 보내기 위한 방법으로 고래 위쪽을 삼각형 모양으로 좁혀주면 빠르게 멀리까지 진행하게 된다.

우리 민족을 불같은 민족이라 하는 것은 불을 깔고 지내는 것에서 나온 말이며, 서양에서는 우리 민족을 프라이팬 위에 사는 독한 인종이라고도 한다.

(2) 물의 원리

물은 한쪽을 낮추면 빠르게 내려오고 물이 뿔을 세우면 불이 된다. 물, 습기, 냉기 등은 다른 물체에 비해 무거워 내려가는 성질을 가지고 있다. 내려가는 습을 가라앉히기 위해 고래개자리나 굴뚝개자리를 낮게 해줘야 공기와 열을 뜨게 해 열의 전도나 진행을 방해하지 않는다.

물은 습이고 냉기나. 습은 지반에서 올라오는 경우와 연료에서 발생하는 경우가 대부분이다. 습은 불을 죽이고 냉기를 발산하여 열의 전도와 복사를 방해하며, 공기

를 데우는 것보다 32배나 더 많은 연료를 소비하게 한다. 또한 습에 약한 곳을 부식시키고 벌레나 곰팡이를 생육케 함으로써 구들방에는 물론 우리 생활에도 많은 장애를 주기 때문에 이러한 습을 차단하는 것이 최우선이다.

(3) 바람의 원리

바람은 열의 이동을 도와주며 습기와 연기를 유도하여 쾌적한 공간을 만들어준다. 바람은 너무 강해도 안 되고 없어도 안 되는데, 사람이 숨 쉬는 데 필요한 산소를 마시듯 불기운도 적당한 바람이 필요하다. 바람에는 여덟 가지가 있으니 이를 팔풍이라 한다. 팔방, 즉 여덟 방향에서 부는 바람이다.

염풍 : 동북에서 부는 바람

조풍 : 동방 바닷바람

혜풍 : 동남에서 부는 바람

거풍 : 남방에서 부는 바람

양풍 : 서남에서 부는 바람

유풍 : 서방에서 부는 바람

여풍 : 서북에서 부는 바람

한풍 : 북방에서 부는 바람

(4) 재료의 선택

구들의 재료 중 주재료인 구들돌과 고임돌은 열과 습에 강해야 하며, 흙이나 기타 혼합제는 기능성을 갖춤은 물론 열을 보관하는 축열 능력도 있어야 한다. 또한 습과 열에 잘 견뎌 깨지지 않아야 하고, 주재료가 부서지는 일이 없도록 잘 받쳐줘야 한다. 모든 재료가 제 기능을 갖춰야 쾌적한 주거공간이 만들어질 수 있다.

(5) 연료의 선택

연료는 불을 발생시켜 열을 생산하는 에너지원으로 질 좋고 화력 좋은 연료를 사용해야 하는데, 생나무보다 마른나무를 연료로 쓰는 것이 화력이 좋으며, 화학물질이 함유된 비닐류나 합판류, 도색된 나무는 피하는 것이 좋다.

옛날에는 가족 수에 따라 불 때는 시간과 나무의 양이 달랐는데, 식구가 많은 가정은 많은 밥을 지어야 했으므로 그만큼 많은 연료를 때야 했다. 취사를 위해 때는 연료의 양이 곧 난방에 필요한 연료의 양이었던 셈이다. 그런데 지금은 난방용으로 때는 경우가 대부분이기 때문에 하루에 때는 양을 정하면 좋은데, 보통 한 아궁이 가득 때는 양이면 20~30kg 정도로, 이 정도 양이면 4평 기준으로 초겨울에 24시간 따뜻하게 지낼 수 있다. 본격적인 동절기가 되면 사용량이나 방 크기에 따라 반 아궁이나 한 아궁이 분량을 더 때는 것이 적당하며, 이렇게 땔 경우 48시간 이상 따뜻함을 유지할 수 있다.

젖은 연료가 오래 탄다고 하여 많은 열량이 나오는 것은 아니며, 마른 연료라야 쉽게 때도 높은 화력이 나온다.

연료 사용 시 주의사항

껍질이 있는 나무나 2차 가공으로 면이 단단한 나무는 탈 때 피막이 자작자작 하면서 튀는데, 불문이 열려 있을 경우 밖으로 튀어나오게 된다. 따라서 불 상태를 보기 위해 아궁이 속을 들여다볼 때는 튀어나오는 불똥을 조심해야 하고, 불이 붙기 쉬운 물질을 아궁이 앞에 둬서는 안 된다.

연료가 타면서 열이 발생하는 동시에 일산화탄소와 이산화탄소도 발생하고, 연료가 젖어 있을 때는 화력이 약하면서 불완전 연소로 독소와 연기가 더욱 많이 발생한다. 때문에 방 내부로 연기나 가스가 스며들지 않도록 몰타르로 틈새를 잘 발라야 한다.

연료에 따라 화력에 큰 차이가 있기 때문에, 사용자는 연료의 종류와 양에 따라 열이 오르는 시간을 측정해 데이터를 만들어두는 것이 좋다.

연료가 열을 생산하여 공간을 데우는 시간을 측정했을 때, 연소시간이 30분에서 1시간 정도라고 하면 열이 최고로 오르기까지는 8~10시간 정도 걸린다. 오른 열이 체류하는 시간은 오르던 시간 만큼이며, 불을 붙이기 전 온도로 떨어지는 시간은 열이 체류하던 시간 만큼이다.

불의 이동은 베르누이 원리를 따르는데, 물의 이동과 비슷하여 좁은 곳에서 속도가 빨라진다. 열을 먼 곳까지 보내기 위해서는 줄고래 방법으로 유도하거나 함실 아래에서 중골고래를 이용하는 방법이 유리하다.

(6) 시공자의 능력

시공자는 가정용인지 영업용인지, 일상용인지 주말용인지를 파악하여 용도에 따라 시공해야 한다. 또한 적합한 재료를 선택하고 응용기술을 접목해 외부로부터 바람이나 습이 들어오지 않도록 하며, 불을 잘 유도하고 분배해 바닥이 타지 않으면서 원하는 시간에 방 구석구석까지 골고루 따뜻하도록 시공해야 한다. 더불어 축열에 신경을 써 열이 오래가도록 해야 하며, 연료가 적게 들게 시공해야 한다.

(7) 관리자(사용자)의 관리 방법

잘 만들어진 아궁이일지라도 사용자가 사용을 잘못하게 되면 구들 속 내장계통에 문제가 빨리 올 수 있다. 하절기에도 주1회 정도 약하게 불을 피워 방바닥에 습기가 올라오지 않도록 해야 한다. 습이 올라오면 한지 장판에 곰팡이가 핀다.

구들에 처음 불을 땔 때는 많이 때면 안 되고 온돌이 적응할 수 있도록 점차적으로 연료의 양을 늘려나가야 된다. 젖은 나무, 생나무, 합판, 비닐계 물질 등은 사용을 피해야 고래가 막히고 독성이 올라오는 것을 막을 수 있다. 아궁이의 '궁'을 신선하고 깨끗하게 관리하고 사용해야 '궁'도 사용자가 사는 동안 건강을 선사한다.

(8) 구들 시공 요점 정리

① 불이 잘 들게 하려면, 함실은 낮아야 하고, 고래개자리와 굴뚝개자리는 깊어야 하며, 습기가 차지 않아야 한다.
② 방을 따뜻하게 하려면, 내부 습기가 없어야 하고, 불이 잘 들고 보온이 잘 되어

야 하며, 마른 연료를 사용해야 한다.

③ 연료가 적게 들게 하려면, 바닥 두께를 줄이고, 연소가 잘 되는 나무를 때며, 내부 습기를 차단해야 한다.

④ 방을 빨리 따뜻하게 하려면, 방 크기에 맞춰 바닥의 두께를 조절해야 한다.

⑤ 골고루 따뜻하게 하려면, 열 분배와 유도를 잘 해야 한다.

⑥ 열이 오래가게 하려면, 보온과 축열이 될 수 있도록 부토층과 고임돌을 잘 선택하고, 연소 후 굴뚝이나 아궁이를 막아 역풍과 새는 바람을 차단해야 한다. 아무

리 많은 열을 발생시켰다 하더라도 벽이나 바닥에 보온성이 없으면 열이 오래가지 못한다. 방 안의 열은 문 여닫는 데서 많이 손실되므로 문을 자주 여닫지 않도록 한다. 외벽은 단열을 하고 방바닥은 이불을 깔아 사용하는 것이 좋다. 습은 구들방에 있어서는 안 될 물질이므로, 1차적으로 습이 차지 않도록 하는 것이 제일 중요하다.

※ 낮은 굴뚝에서 잘 들던 불이 굴뚝을 높이 세우면 안 드는 이유는 내부 습이 꽉 차서 열이 진입할 공간이 없기 때문이다. 구들을 처음 시공한 후 첫 불을 땔 때, 굴뚝개자리 위에 작은 구멍을 내어 뺏다 끼웠다 조절하면 불이 잘 든다.

※ 재거름 아궁이 : 재 거르기가 있으면 산소 흡입구 역할을 해 불을 붙이고 연소하는 데는 좋지만, 불이 다 타고 나면 떨어진 재가 식어 화력을 잃게 된다. 재래식 아궁이는 불이 꺼진 후에도 재 속에 불씨가 남아 열기가 오래간다.

사진과
도면으로
배우는
고래와 구들

01 많이 사용하는 고래의 종류

곧은형
일자고래

부채형고래

맞선형고래

되돈고래

흩은고래

혼용고래

줄고래
+흩은고래

막형고래

양파고래1

양파고래2

두아궁이형
고래

원형
흩은고래

〈양파고래〉

〈갈비고래〉

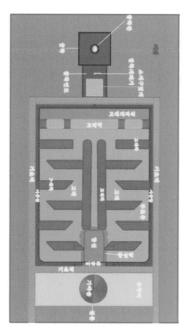

〈아자형고래〉

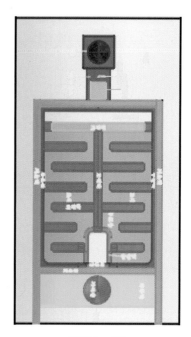

〈골절고래〉

02

그림으로 보는 구들 시공 순서

1. 지반

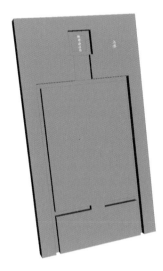

2. 기초벽

3. 이맛돌

4. 함실벽

5. 시근담

6. 고래턱

7. 고래뚝

8. 고임돌

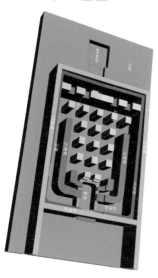

9. 불목돌

10. 부토층

11. 구들장

12. 상부 부토

13. 굴뚝 연도

14. 굴뚝벽

15. 굴뚝관

16. 불문

17. 평면 명칭

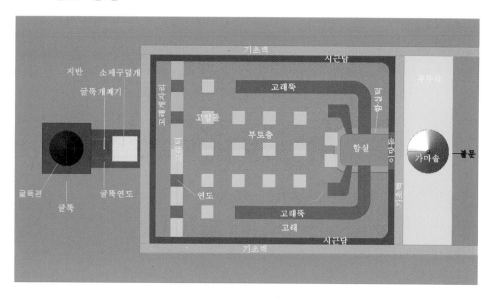

18. 평면 치수

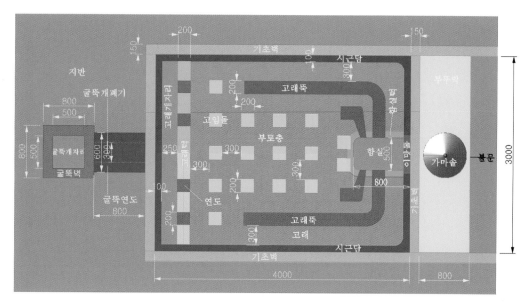

19. 혼용고래 파단면

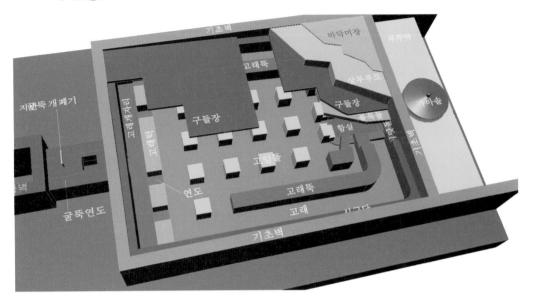

20. 혼용고래 파단면

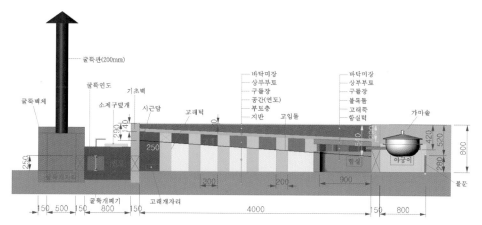

종단면도

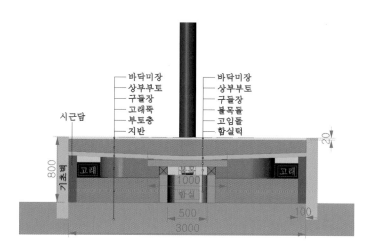

제1횡단면도

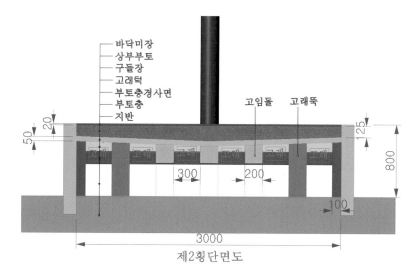

제2횡단면도

03
고래의 종류와 시공 원리

고래는 연기와 열기가 지나는 길을 말하며, 한자어로는 연도(煙道)라 한다. 형태에 따라 한줄고래, 두줄고래, 여러줄고래, 흩은고래, 부채고래, 되돌린고래, 두방내고래, 원형고래, 복층고래, 중골고래, 갈비고래, 아자형고래 등 다양한 종류가 있다. 방 크기와 형태에 따라 적합한 고래 형태를 선택하여 시공해야 열을 멀리 유도하고 골고루 퍼지게 할 수 있다.

고래켜기란 고래 골(길)을 나누는 방법을 말하며, 외벽 쪽은 시근담이라 하고, 고래와 고래뚝으로 나누어지는 것을 열 분배 방법이라 하기도 한다. 보통 고래켜기는 구들장 규격에 맞추는 것이 좋으며, 구들장 한쪽 면이 100mm 이상 걸리는 것이 좋다. 고래 넓이는 어떤 구들이든지 고래 간격을 300mm 이내로 하는 것이 좋으며, 부정형 구들은 돌 크기에 맞춰 시공하고 굄돌 간격은 300mm를 넘지 않는 것이 파손의 위험이 적다.

고래의 길이와 불 힘의 차이

고래 길이에 따라 불 힘에도 차이가 있다. 열기가 정상으로 오르기 전에는 고래가 짧으면 골이 여러 개라도 불이 잘 들고, 고래가 길면 고래 수가 적어도 불 힘이 약하고 불이 잘 안 든다. 고래 바닥에서 발생되는 냉기가 습으로 바뀌면 불 힘을 죽이는 원인이 되는데, 열이 습을 밀어내기 전에는 불이 잘 안 든다.

경험상 좋은 고래 방법은 방 크기와 형태를 감안해서 고래가 길면 앞쪽은 줄고래로 하고 끝나는 쪽은 흩은고래로(혼합고래) 시공하는 것이 열을 분산시키는 데 좋으며, 고래가 짧으면 흩은고래를 하는 것이 적은 열을 분산하기가 좋다.

(1) 줄고래(일자고래)

줄고래(일자고래)는 직선으로 고래뚝을 만들어 구들장을 받치는 고임돌 방법을 말한다. 줄고래는 옛날부터 전해오던 구들 방법으로, 우리 선조들이 제일 많이 사용했다. 자재 사정이 여의치 않을 때는 고래뚝을 넓게 함으로써 작은 구들장도 받칠 수 있으며, 간단하고 작업성이 좋아 누구나 손쉽게 시공할 수 있기 때문에 많이 사용한 것으로 보인다.

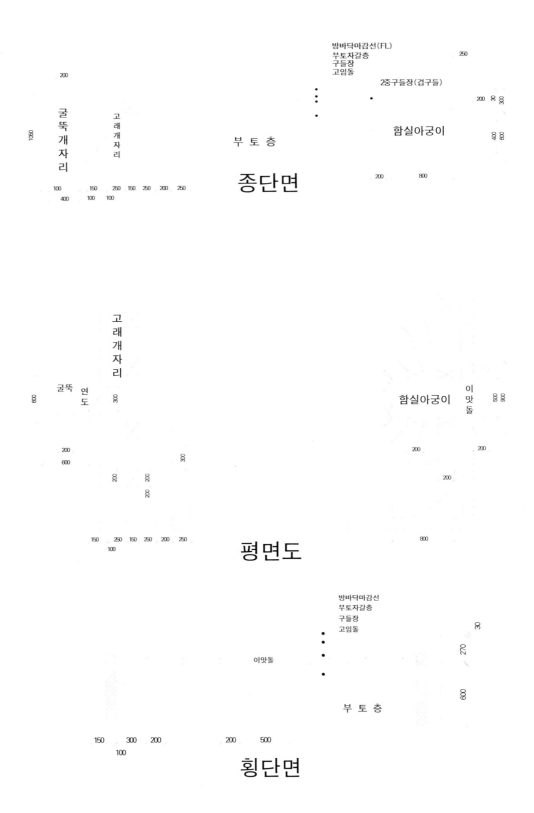

방바닥마감선(FL)
부토자갈층
구들장
고임돌

2중구들장(겹구들)

250

200 80 300

200

굴뚝개자리

고래개자리

부토층

함실아궁이

400 600

1060

200 800

100 150 250 150 250 200 250

400 100 100

종단면

고래개자리

굴뚝 연도

함실아궁이

이맛돌

600

300

50 90

500 900

200

600

300

200

200 200

200

200

200

800

150 250 150 250 200 250

100

평면도

방바닥마감선
부토자갈층
구들장
고임돌

이맛돌

부토층

30

270

600

150 300 200 200 500

100

횡단면

연료(땔나무) 수급이 원활하지 못할 때는 농사 부산물이나 솔가리(마른 솔잎), 검부러기 등 가벼운 연료를 사용하다 보니 재가 날려 고래가 쉽게 막혔는데, 청소할 목적으로 줄고래에 맞춰 부엌 쪽과 고래개자리(회굴) 쪽에 고래 바닥과 같은 높이로 고래마다 고막이를 뚫었다. 청소할 때는 장대 끝에 고래 속에 들어갈 수 있는 크기로 볏짚을 뭉쳐 잘 고정한 뒤 부엌 쪽에서 고래개자리 쪽으로 혹은 고래개자리 쪽에서 부엌 쪽으로 장대를 밀어 넣어 고래 속 그을음과 재를 제거했다. 그런데 취사와 난방을 동시에 하던 예전과는 달리 지금은 난방을 위주로 하기 때문에 열효율을 올리기 위해 청소가 용이한 방법보다는 열을 가두는 방법으로 시공하고 있다.

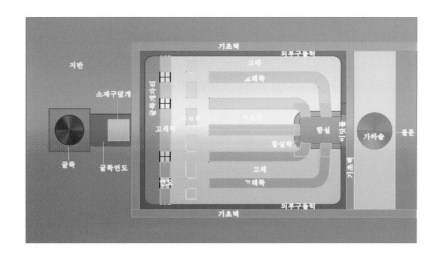

줄고래는 함실에서 배당받은 열을 고래개자리까지 보내면서 열을 외부로 내보내지 않고 고래뚝에서 붙잡고 있다가 연결된 구들장으로 전도의 방법으로 전달하는데, 적은 열량으로 열을 오래 지속할 수 있는 장점이 있다. 시공할 때는 고래에서 고래개자리로 넘어가는 고래턱 바람막이를 연도의 2~3배 정도로 해서 막아주는 것이 좋다. 고래 옆과 열이 떠있는 위를 막음으로써 방 안의 열기가 고래개자리나 굴뚝으로 나가는 것을 막을 수 있다. 따뜻한 열은 위로 올라가고 식은 열은 아래로 내려가는 원리를 이용해 시공하는 것이 최고의 효율을 올리는 방법이라 할 수 있다.

함실부터 고래개자리까지의 거리가 짧은 곳에 줄고래를 설치하면 고래개자리와 굴뚝으로 나가는 열이 많아져서 그만큼 연료를 더 많이 소모하게 되며, 공기유입이 쉬워져 방 안의 열 손실이 많아지면서 방이 빨리 차가워진다.

줄고래는 크고 긴 방에 유리한데, 방 길이가 5미터 미만일 때는 2/3 지점에서 흩은고래로 바꾸든지 3미터 이후 고래 중간 중간을 200mm 내외로 열어주는 것이 열을 골고루 퍼지게 하는 방법이다. 길이가 5미터 이상 길 때는 중골고래로 하거나 중간에 고래개자리를 두어 열을 흡수할 수 있도록 한다. 방이 작고 짧을 때는 흩은고래가 유리하다. 짧은 방에 줄고래를 하게 되면 열을 고래개자리로 빨리 넘겨 열 손실이 많다.

(2) 부채고래

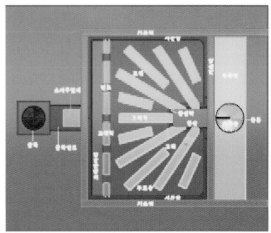

부채고래는 줄고래 방법의 일종으로 고래뚝을 부챗살 모양으로 놓는다고 하여 붙은 이름이며, 지붕 추녀의 선자연 모양과 비슷해 선자고래라고도 한다.

부채고래는 한쪽 쏠림고래나 아궁이 위치에서 볼 때 방 길이보다 폭이 넓고 큰방 구조에 적합하며, 열 분배가 잘 되고 열 손실이 없도록 설치해야 한다. 함실은 열을 충분히 분배하기 위해 안으로 깊게 하고 타원형으로 잡아주는 것이 좋다.

기본적으로 고래개자리는 아궁이 반대편에 설치하지만, 폭이 넓은 방은 굴뚝 위치에 따라 2~3면에 고래개자리를 둘 수 있다.

(3) 흩은고래

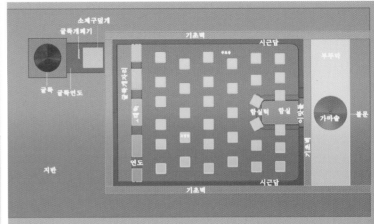

흩은고래는 구들장 크기와 모양에 따라 적당한 위치에 굄돌을 놓는 것을 말하며, 아무렇게나 막 놓는다 하여 막고래라고도 한다. 고래 사이와 돌 높이가 불규칙하므로 고임돌을 놓을 때는 앞에 놓은 구들장과 다음 놓는 구들장이 반반씩 물리도록 배치를 해야 하고, 높이를 맞추기 위해 고임돌 위에 황토 몰타르를 바르고 구들돌을 올린 후 위에서 눌러 안착이 잘 되도록 고정해야 한다. 높이 차에 따라 침하되지 않도록 새석을 끼워 받쳐준다.

사춤 흙의 점도는 수제비 반죽 정도면 좋다. 흙을 올리고 구들장을 덮으면 눌리면서 흙이 삐져나올 수 있는데, 삐져나온 흙은 손을 넣어 걷어내야 열이 지나는 통로를 막지 않고, 또 연기 슬래그가 엉겨 붙어 고래를 막는 것을 예방할 수 있다. 고임돌을 놓을 때는 고래가 막히지 않도록 고래 통로를 잘 조절하여 배치해야 한다.

중심부에서 2미터 이상 되는 폭이 넓은 방에 흩은고래를 설치하면, 양쪽 측면과 코너 부분에는 열이 잘 전달되지 않을 수 있는데, 열이 충분히 공급되도록 함실 불목에서 줄고래로 양쪽 측면까지 불길을 유도해주는 것이 좋다.

고래에서 고래개자리로 넘어가는 고래턱은 연도의 2~3배 정도 열어주는데, 연도와

거리가 멀수록 넓혀주고 가까우면 줄여줘야 연기가 잘 소통되고 열을 방 안에 많이 가둘 수 있다.

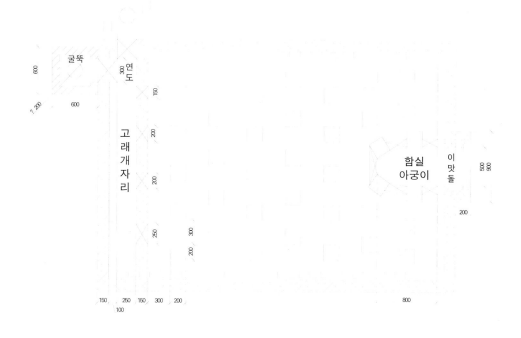

(4) 혼용고래(줄고래+흩은고래)

혼용고래는 줄고래와 흩은고래를 병용하는 방법으로 열효율이 가장 좋다. 줄고래로 함실에서 생산된 불길을 냉기와 습기가 많이 발생하는 외벽 쪽으로 방 길이의 2/3 지점까지 유도하는 방법이다. 방이 클 때는 줄고래를 2~3줄까지 배치할 수도 있다.

불은 열기가 왕성할 때 퍼졌다가 식으면 모여드는 성질이 있기 때문에 방 끝부분 구석진 곳에는 열기가 잘 전달되지 않는다. 줄고래는 열이 빠르게 고래개자리로 들어가기 때문에 열을 방 안에 오래 머물게 하는 데에는 약하다. 반면 흩은고래는 열이 진행하는 것을 고임돌이나 고래둑으로 막고, 열이 이를 피해서 가면 또 막기를 반복하면서 열을 많이 보낼 곳과 적게 보낼 곳을 조절해주므로 열이 바깥으로 빨리 나가지 않고 실내에서 오래 머물게 된다. 따라서 혼용고래는 줄고래의 장점으로 흩은고래의 단점을 보완하고, 흩은고래의 장점으로 줄고래의 단점을 보완하는 방법이다.

고래를 만들 때는 취약한 곳까지 열을 유도하고, 만약 열량이 모자랄 때는 고래턱을 잘 조절해 열을 가둘 수 있도록 한다. 열은 팽창하면서 전도되기 때문에 남은 예열이라도 붙들 수 있다. 그러나 큰 방일 경우 고래턱을 너무 막게 되면 오히려 습을 막는 경우가 될 수 있다. 이때는 연도보다 3배 이상 열어주는 것이 효과적이다. 아궁이에서 생산된 열은 500도 이상 되지만, 고래를 거쳐 고래개자리로 빠져나오는 동안 다 식어 30도를 넘기도 힘들다. 그런데 열이 고래개자리로 빠져나왔다 하더라도 연도에서 다시 차단하기 때문에 걱정할 것은 없다.

줄고래 방법으로 가다가 흩은고래로 하는 것은 줄고래로 진행한 열이 너무 많은 냉기와 습기를 만나서 식어버렸다면 주변 열기의 도움을 받고자 함이다. 열 기운이 남았다면 고래개자리로 빠지지 않고 방 안 공기를 데우는 역할을 하기 때문에 열효율을 올리는 데 좋은 고래 방법으로 평가되고 있다. 각자의 구역을 순찰하고 올라온 열기들은 고래 위쪽에 모이게 되는데, 남은 열을 활용하기 위해서는 고래턱을 잘 조절해야 한다.

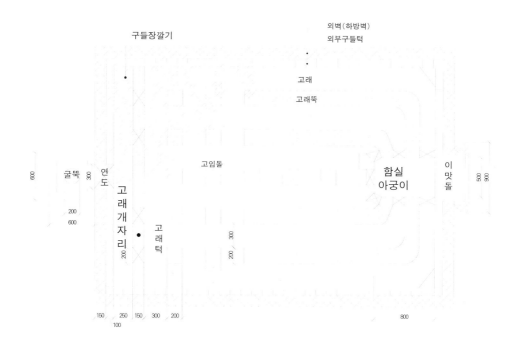

구들장깔기

외벽(하방벽)
외부구들턱

고래

고래뚝

굴뚝 300 연도 고래개자리 고임돌 함실아궁이 이맛돌

600

200
600

고래턱

200 300

150 250 150 300 200
100

800

500
900

(5) 두방내고래

두방내고래는 방과 방이 연결되어 있을 때 한 아궁이로 두 방을 데우는 방법으로, 일손과 연료를 줄일 수 있으며, 고온 방과 저온 방으로 사용할 수 있다.

방 길이가 길거나 두 방이 연결될 때 두 번째 방의 반 지점까지는 줄고래로 그 뒤부터 흩은고래로 시공하여 열이 최대한 멀리 가고 오래 머물게 해야 한다. 또한 길고 큰 방일 때는 중골고래를 이용하여 아궁이 하부에서 열을 받아 방 윗목 2/3 지점까지 유도하여 퍼질 수 있도록 장치를 하는데, 중골을 2~3곳까지 만들 수 있다.

(6) 되돌린고래(되돈고래)

 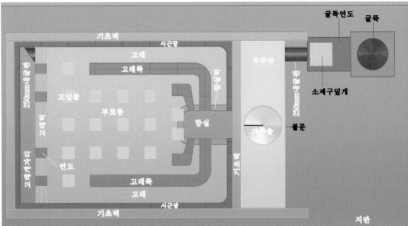

되돌린고래는 아궁이 방향으로 굴뚝을 내는 방법을 말한다. 고래개자리로 넘어간 연기를 내굴길을 통해 원하는 방향으로 유도하는 방법으로, 고래개자리에 유도관을 낮게 묻을 수도 있고 조적으로 터널을 만들 수도 있다. 유도관이나 터널을 설치할 때는 고래 바닥을 침범하지 않아야 상부 구들의 기능을 살릴 수 있다.

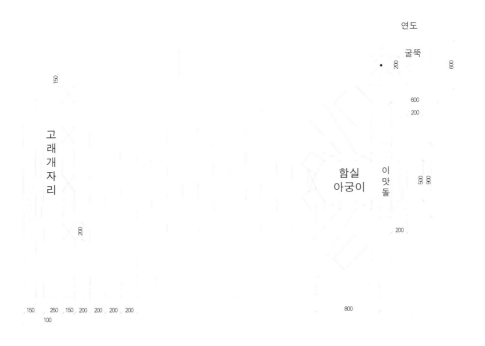

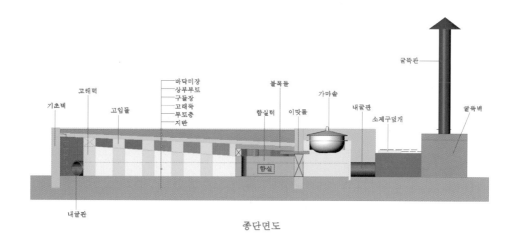

종단면도

고래개자리에서 굴뚝개자리로 연기를 보내는 곳을 연도라고 하는데, 바로 나가지 않고 관을 묻거나 조적을 하여 연기가 나가는 통로를 만들 때 내부에서 길게 나가면 내굴길이라 하고, 외부에서 길게 나가면 외굴길이라 한다.

되돌린고래를 시공할 때 주의할 사항이 있는데, 내굴길을 고래 바닥 밑으로 낮게

▲ 되돌린고래 내굴길 설치

▲ 잘못된 되돌린고래

2장_사진과 도면으로 배우는 고래와 구들

두지 않고 본구들 바닥 높이와 같게 하면 되돌린고래 쪽은 열기가 가지 않아 냉기가 차게 된다. 내굴길로 관을 묻을 때는 직경 250~300mm 관이 적당하며, 도금한 파형 관은 습에 약해 빨리 산화되면서 관이 막힐 수 있다.

고래 방법은 어떤 방법으로 선택하건 관계가 없으며 고래에서 개자리로 넘어가는 고래턱은 연도와 멀수록 넓혀주고 가까울수록 좁혀줘야 먼 곳의 연기가 원활히 순환할 수 있다.

되돌린고래 방법은 아궁이를 중심으로 어느 방향으로 돌리든 굴뚝 위치만 잡아 설치하면 되는데, 열풍과 습기를 차단해 열을 체류시키기 위해서는 연도를 고래개자리 중간 지점에 두는 것이 효과적이다.

(7) 한쪽 아궁이 방법

한쪽 아궁이 방법은 출입구의 위치나 기타 다른 사정으로 아궁이가 한쪽으로 치우칠 수밖에 없을 때 설치하는 방법으로, 아궁이 위치는 좌우 어느 쪽으로 설치하든지

함실 방향은 방 중심을 보고 각도를 잡아 주므로 열을 분배하기 쉬우면서 열효율도 좋다.

이 구조에는 줄고래나 부채고래, 흩은 고래 방법 중 두 가지를 혼용한 혼합고래 방법으로 분배하는 것이 좋다.

(8) 원형고래

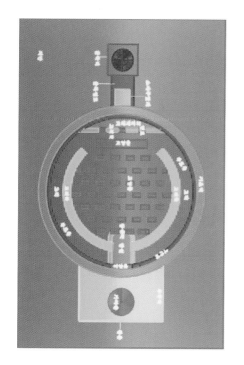

원형고래는 요사이 쉽게 지을 수 있는 황토방이 유행하면서 많이 시공되고 있다. 하지만 열의 흐름을 생각지 않고 시공하다 보면 자칫 열이 굴뚝으로 쉽게 빠져나가 빙이 따뜻하지 않을 수 있다. 원형구들도 일반 구들처럼 시공하면 된다.

원형고래에서 고래개자리 위치는 아궁이 반대편이 좋으며, 조건에 따라 방 중앙에 설치할 수도 있다. 위치에 따라 열을 제대로 유도하는 고래 방법을 선택해 열을 오래 머물게 하는 것이 구들을 놓는 기본이라 생각한다.

고래뚝을 복잡하게 하는 것보다 평범하면서 불의 이동 원리만 잘 생각해 시공하면 만족할 만한 시공이 될 것이다. 원형고래도 그 모양에 따라 일반 원형고래, 양파고래, 부채고래, 흩은고래로 구분할 수 있다.

① 원형 혼용고래

아궁이 반대편에 고래개자리가 있을 때 원 형태를 따라 2m 이내의 고래개자리를 만들고, 고래는 줄고래와 흩은고래 방법으로 유도한다. 고래 넓이는 300mm 전후로 하고, 고래개자리로 넘어가는 고래턱을 200×200mm 크기로 3곳 정도(연도의 1.5~2배 크기로) 뚫으며, 고래개자리 앞을 가려서 직선으로 가는 열이 바로 가지 않고 양쪽으로 흘러가도록 해준다. 함실 크기는 일반적인 함실 크기와 같게 하면 된다.

▲ 원형고래 터 잡기

▲ 원형고래 조적

▲ 원형고래 내굴길 설치

▲ 원형고래 이맛돌

② 원형 양파고래

양파고래는 양파를 반으로 자른 모양 같다고 하여 붙은 이름으로, 일반 고래와 같이 고래개자리를 만들어 열을 최대한 잡으면서 오래 머물게 하기 위해 고래개자리 중심부에 큰 항아리를 묻어 내굴길을 통해 연기를 굴뚝으로 내보는 방법이다. 고래의 분배와 열 유도만 잘 한다면 가장 좋은 시공 방법이 될 수 있다. 굴뚝과 아궁이가 적당이 떨어져야 열 손실이 적어 열을 오래 가둘 수 있는데, 시공자의 고래 설치 방법에 따라 열을 놓칠 수도 있고 잡을 수도 있는 것이 구들이다.

　원형고래에서 굴뚝의 위치는 어느 쪽으로 가든 상관없으나, 연기와 열기를 분리하여 목적지까지 잘 유도하는 것이 시공자의 몫이다.

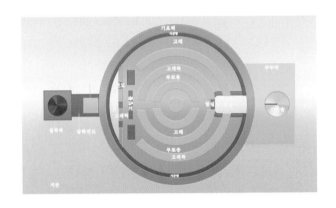

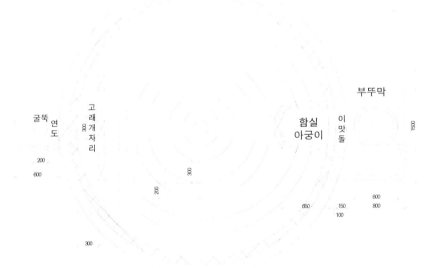

③ 원형 부채고래

직각 구들방과 같은 방법으로 부채 모양으로 고래를 설치하지만 2/3 지점까지 줄고래 방법으로 간 다음 흩은고래로 연결한다. 고래개자리 앞에 병풍벽을 설치해 열이 빨리 빠져나가지 않도록 하는 것이 기술이다.

(9) 중골고래

중골고래는 측면이 넓거나 길이가 긴 방에 효과적이다. 중골고래는 일반 고래보다 조금 더 깊지만 고래개자리보다는 높은 위치에 있으며, 폭은 일반 고래보다 조금 넓게 하여 덮고 상부는 고래 바닥이 되게 한다.

기존 고래의 하부에 벽돌로 300×300mm의 통로를 만들어 위로 고래 바닥이 바로 지나게 한다(직경 300mm의 관을 묻을 수도 있다). 중골고래를 방 길이의 2/3 지점까지 유도한 후 열어주면 직열 이동으로 온도가 높게 된다. 하지만 고래개자리까지 연결하면 열의 빠른 진행으로 고래개자리로 열이 빠져나가기 때문에 열 손실이 발생할 수 있다. 함실에서 한 줄로 시작해 가지를 두세 줄 이상 펼 수 있으며, 중골이 끝

▲ 중골고래

▲ 중골고래 함실

나는 2/3 지점에 벽돌이나 자연석으로 유도관의 배 정도 크기로 구들개자리를 만들 수 있고, 물 20~30리터를 담을 수 있는 항아리를 묻으면 2차 분배가 되어 좋은 효과를 볼 수 있다.

항아리는 공간을 가지고 있어 열을 흡입하여 분배하고 또한 열을 저장하여 오래 머물게 하며, 자연석은 열을 분배하고 저장도 하지만 열을 발산하는 성질이 강하다. 돌이나 철은 열이 없으면 냉기를 발생시키고 열을 받으면 온기를 발생시키는 성질이 다른 물체에 비해 강하다.

또한 측면 고래개자리를 만들기에 그리 넓지 않는 폭이라면, 함실을 중심으로 대각선으로 V자 모양 중골고래를 만들면 열을 분배하는 데 도움이 되며, 멀리까지 열을 공급할 수 있는 통로 역할을 한다.

(10) 갈비고래

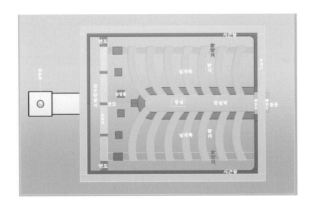

갈비고래는 열이 오래 체류하도록 할 목적으로 함실을 길게 했으며, 함실 위 구들장을 방 길이에 따라 몇 단계로 나누고 단계 단계 높이면서 조금씩 턱을 주어 통과하는 열이 조금씩 부딪치면서 체류하도록 한 것이다. 또 고래개자리를 외벽 세 곳에 두어 많은 열이 체류할 수 있도록 한다.

일반적인 재래구들은 아궁이 반대편에 고래개자리가 있어 연기와 열기가 고래를 타고 넘어가 열 손실이 많았으나, 갈비구들은 열이 직통으로 나가지 못하게 막고 양 측면으로 돌아가게 하여 열이 체류하도록 했다. 고래를 갈빗대 모양으로 나누는데, 입구는 넓게 하고 고래 끝부분은 좁게 하면서 갈빗대처럼 조금 꺾어 열의 체류를 도왔으며, 양 측면 고래개자리를 방 길이의 2/3 지점에서 오픈시켜 직선으로 가는 열을 체류하게 만들었다. 함실에서 측면 고래개자리 방향으로 5~10% 경사를 주어 열이 함실에서 빠르게 진행하도록 하였다.

(11) 아자형 고래

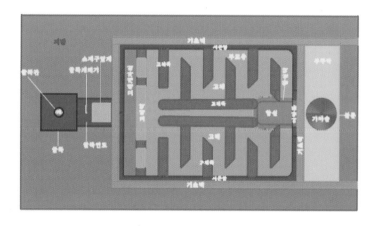

아자형 고래는 재래구들을 현대화한 고래 방법으로 열을 골고루 받게 하는 효과가 있다. 측면을 통해 진행하는 열은 골고루 퍼지게 하는 효과는 좋으나 지속 난방을 하지 않을 때는 윗목까지 가는 열이 약할 수 있다. 측면으로 오는 열을 받기 전에 직선 줄고래를 좁게 하여 윗목까지 빨리 데우는 방법으로 하면서 측면 열과 만나게 한다.

일반 고래뚝은 200mm으로 하고 열이 많이 지나가는 직선 고래뚝은 300mm 이내로 넓게 설치하여 축열 효과로 열을 오래 체류하게 한다. 단, 고래뚝이 많을수록 바닥에서 올라오는 습에 많이 노출되기 때문에 시공 전 바닥의 습을 차단하는 것이 중요하다.

(12) 굴절고래

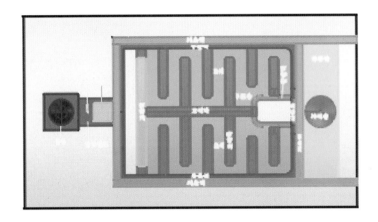

두줄고래라 할 수 있으며, 아랫목부터 윗목으로 열의 진행 방향을 따라 따뜻해지는 원리다. 지속 난방일 때 유리하며, 아랫목과 윗목 두께 차이가 있어야 아랫목이 타지 않게 된다.

3
장

관요 구들
쉽게 배우며
따라 놓기

01 구들(온돌)방 용어

선조들이 사용하며 전해 내려오던 용어는 지방마다 달라, 일반적으로 많이 사용하면서 전달하기 쉬운 표현만 정리했다.

개자리 : 추울 때 개가 들어가 잔다고 하여 붙은 말로, 깊이 파놓은 고랑이다. 개자리는 세 곳이 있는데, 구들개자리, 고래개자리, 굴뚝개자리다.

고래 : 열기와 연기가 지나는 통로다(고래 골 만드는 것을 고래켜기라 한다).

고래뚝 : 구들을 올리기 위해 높이와 폭을 맞춰 길게 연결된 뚝이다.

고막이 : 마루 아래 터진 곳(막으면 고막이벽, 고막이 구멍=고래 청소 구멍).

고임돌(굄돌) : 흩은고래에서 구들장을 받치는 돌이다(줄고래는 고래뚝).

고래개자리 : 아궁이 반대편이나 외벽 쪽에 깊게 판 곳이다(회굴이라고도 한다).

구들정개 : 구들돌을 올리기 위해 벽 옆에 쌓은 뚝(두둑, 시근담과 같은 말).

구새 : 속이 빈 통나무로 만든 굴뚝관 (함경도 지방의 사투리).

구새갓 : 굴뚝 끝에 비를 막기 위해 덮는 갓 모양의 뚜껑(굴뚝갓).

구들 : 구운 돌이란 뜻으로, 방구들의 줄인 말

내굴길 : 원형고래나 되돈고래에서 내부에 있는 연기 통로(연도).

되돈고래 : 아궁이 방향으로 굴뚝의 위치를 돌린 형태의 고래.

두둑 : 구들돌을 올리기 위하여 방벽을 따라 쌓은 턱(시근담, 구들정개).

바람막이 : 고래턱이나 연도 쪽에서 바람과 열을 조절하는 턱.

부넘기 : 솥을 거는 아궁이 구조에서 벽 밑쪽을 막아 불이 위로 오르게 하고 재가 날리는 것을 막아주는 역할을 한다(사투리로 부넹기라고 함).

부뚜막 : 솥을 걸거나 음식을 준비하기 위해 만든 아궁이의 넓은 턱.

부채고래 : 형태가 부챗살 모양인 고래(선자고래라고도 함).

불목 : 함실에서 고래로 연결되는 입구.

불목돌 : 부뚜막 아궁이일 때 열을 제일 많이 받는 돌(함실장).

불집 : 불을 지피는 넓은 공간(아궁이 속의 넓은 곳, 함실).

붓돌 : 아궁이 양쪽 벽에 이맛돌을 받치기 위해 세우는 돌기둥.

새침 : 구들장을 놓고 틈새를 흙으로 막는 일.

선고래 구들 : 고래개자리(회굴)가 방 밖에 위치하는 구들.

쇄석 : 구들장을 덮고 작은 공간을 막거나 괴는 작은 돌.

쇠구들 : 한 아궁이에 두 굴뚝 형태의 구들. 가래구들이라고도 한다.

시근담 : 두둑이나 구들정개와 같은 말.

아궁이 : 불을 때는 곳(방이나 솥에 불을 때기 위해 만든 공간). 지역에 따라 분구, 화구, 구락, 취구, 솥자리 등으로 불린다.

연도 : 고래개자리에서 굴뚝과 연결된 통로.

외굴길 : 외부에 있는 연기 통로. 굴뚝과 연결될 연도.

이맛돌 : 화구 입구에서 벽을 받쳐주면서 솥전과 구들장을 받치는 턱.

일자고래 : 직선으로 고래뚝을 만드는 방법(줄고래라고도 한다).

양파고래 : 고래 형태가 양파를 잘라 놓은 모양과 같은 고래.

중방구들 : 방과 방이 떨어져 있을 때 고래를 마루 밑으로 연결시켜 동시에 난방이 되게 설치된 구들.

중골고래 : 길이가 긴 방이나 측면이 긴 방일 때 고래 밑에 독립적으로 설치하여 원하는 곳까지 유도하는 고래.

함실 : 난방용 아궁이에서 부넘기가 없는 아궁이(불집).

함실장 : 함실 위에 올리는 넓고 두꺼운 돌(아랫목 돌, 불집 구들장).

화구 : 불을 때는 아궁이 입구.

회굴 : 함실 반대편에서 습기와 연기를 유도하는 곳(고래개자리).

허튼고래 : 막고래, 흩은고래(구들장 크기에 따라 고임돌을 받쳐 생긴 고래).

흡출기 : 굴뚝 위에 덮어 비를 가리면서 전기를 이용해 연기와 습기를 강제로 흡입하는 장치.

02
구들(온돌)방의 원리와 이해 3단계

구들(온돌)방은 아궁이에 나무로 불을 지펴 돌을 데워서 취사와 난방을 겸할 수 있는 공법으로 제작·설치(시공)하여 사람이 주거생활을 할 수 있도록 한 공간이다. 그런데 같은 열을 공급하더라도 시공자의 손길에 따라 열효율을 높일 수 있는 여러 가지 방법이 연출될 수 있다.

지금까지 많은 장인들이 나름대로 지역적 특성을 고려해 조금씩 다른 구조의 구들방을 시공했는데, 고려사항에는 자재 수급의 용이성과 비용 문제, 비용 대비 만족감 등도 포함되었으리라고 본다. 이러한 고려사항들은 지금도 따져봐야 할 것들이다.

모든 것을 고려해 본다면, 비싼 자재를 사용한다고 해서 반드시 우리가 원하는 열효율을 얻을 수 있는 것은 아니고, 시공자의 손과 머리에서 많은 변화를 가져올 수 있다. 따라서 그 지역에서 구하기 쉬운 소재를 이용하는 방법을 고안하고 사용 목적에 맞는 시공을 한다면 더 이상 바랄 게 없지 않을까 생각한다. 무슨 일을 하든지 목적과 계획이 있기 마련이니, 구들방 역시 사용 목적을 정확히 하고 그에 맞는 계획을 잘 세운다면 만족할 만한 시공이 될 것이다.

첫째, 구들(온돌)은 취사와 난방을 겸할 수도 난방을 위주로 할 수도 있으니 그 목적에 맞게 시공 방법을 다르게 해야 한다. 취사는 겉불을 때야 하고 난방은 속불을 때야 한다.

둘째, 누구나 원하는 구들방은 불이 잘 들고, 방이 골고루 따뜻하며, 열기가 오래 가면서 연료는 적게 들고, 원하는 시간에 따뜻하게 할 수 있는 구들방이다. 이에 더하여 이제는 일반 황토방이 아닌 치료 효과까지 있는 기능성 황토방을 원하는 상황이다 보니 기능성 광물 자재를 선택해 시공하는 추세다. 우리 구들은 단순히 피부 겉만 따뜻하게 하는 난방이 아니라 피부 속을 데워 신진대사를 원활히 하는 난방이다. 이런 건강 난방에 기능성까지 더한다면 더할 나위 없이 좋을 것이다. 이 모든 것을 만족하려면 불·물·바람·재료·연료의 특성을 알아야 하는데, 시공자는 이 모든 것을 다룰 줄 알아야 하며, 관리자는 관리하는 방법을 잘 알아야 치료 효과까지 갖춘 건강한 구들방이 될 것이다.

셋째, 앞서 말한 원리를 토대로 각 구조별 기능을 살려 시공하는 것이 중요하다. 그러기 위해서는 먼저 아궁이에서 굴뚝까지 구들방에 통용되는 용어를 이해하고, 각 부분의 위치와 규격을 확인해야 한다.

잘 놓은 구들방

잘 놓은 구들방은 윗목부터 따뜻해오는데, 마른나무 25~30kg을 땠을 때 30분에서 1시간이면 잠자기 좋은 온도인 20~30℃로 오른다. 아랫목 온도가 최고로 오르는 시간은 바닥 두께에 따라 다르나 250mm를 기준으로 했을 때 6~8시간 후가 되며, 온도는 40~60℃ 정도로 오르게 된다. 계절에 따라 차이는 있지만, 12월 초부터 2월 말까지 방 온도가 48시간 지속되었다면, 11월이나 3~4월은 같은 양의 연료로 72시간 지속된다.

정상적으로 수면을 취하고 싶다면 불을 피운 첫 밤은 윗목에서 자는 것이 좋다. 만약 아랫목에서 자겠다고 자리를 폈다가는 6~8시간 후에 뜨거워 윗목으로 이동을 해야 한다. 잘 놓은 구들방에 불을 때고서 아랫목에 온기가 없다고 불을 더 때면 그날 밤은 뜨거워서 잠자기 어려울 것이다. 이렇게 때는 연료비는 하루 700원이면 된다. 바닥에 담요를 깔아 두면 열이 오래간다.

03 구들방의 구조장치와 열 체류시간

(1) 구들방 면적에 따른 구조장치 규격표

구들(온돌)방 구조별 규격

(단위 mm)

방 길이 (아궁이 쪽 벽에서 반대편 벽까지)	이맛돌 높이 (방바닥 마감선에서 이맛돌 하부까지)	고래개자리 크기 (방비닥 마감선에서 고래 바닥까지)	함실 크기(군불용) 가로×깊이×높이	굴뚝 지름
4000 이내	300~350	깊이 800 이상 ×넓이 250 이내	450×500×800	150~200
5000~6000 이내	350~400	깊이 800 이상 ×넓이 250 이내	500×500×900	200
7000~9000 이내	400~500	깊이 1000 이상 ×넓이 300 이내	550×500×1100	200~250
10000 이상	500~600	깊이 1000 이상 ×넓이 300 이상	600×500×1400	250~300

※방 길이를 기준으로 이맛돌 놓는 높이 -고래개자리 크기 -함실 크기

① 구들방은 아궁이 바닥에서 방바닥까지 최소 800mm 이상, 내부 바닥은 600mm 이상 필요하다. 위 표는 구들 시공 시 방 크기에 따른 통상적인 예로, 방 크기에 따라 이맛돌 높이를 조절함으로써 방 온도를 균일하게 조절하는 데 목적이 있다.

② 이맛돌이 낮게 걸렸다 하여 방바닥을 두껍게 하는 것이 아니라, 일시난방과 지속난방에 따라 조절하면 된다.

③ 고래 넓이나 고래개자리 넓이는 300mm 이내로 한다. 이보다 넓으면 파손 우려가 있다.

④ 굴뚝은 몸통이 크더라도 마지막 토출구는 300mm를 넘지 않도록 한다.

⑤ 강제순환식은 높이 조절을 자유롭게 할 수 있다.

(2) 평형별 바닥 두께와 열 체류시간

기준 : 실내온도 18℃ 이상

구분	면적	이맛돌 높이 (mm)	바닥 마감 두께		1회 연료 소비량	연료 연소 시간	실내 최고온도 (1m 높이 기준)	30℃ 상승 시간부터 (실내온도 18℃까지)
			아랫목 (mm)	윗목 (mm)				
일반 가정용 구들방	2~3평	300	200	100	30kg	40분	30~35℃	1시간 후부터 24시간 이상 유지
	4평	350	250	100	40kg	50분	〃	1시간 30분 후부터 24시간 이상 유지
	5평	400	300	100	50kg	1시간	〃	2시간 후부터 24시간 이상 유지
	6평	400	300	100	60kg	1시간 10분	〃	〃
	7평	450	350	100	70kg	1시간 20분	〃	2시간 30분 후부터 24시간 이상 유지
	8평	500	400	100	80kg	1시간 30분	〃	〃
	9평	600	450	100	90kg	1시간 40분	〃	3시간 후부터 24시간 이상 유지
	10평	600	450	100	100kg	1시간 40분	〃	〃

※세부 적용 기준

① 연료는 일반 소나무와 마른나무를 기준으로 한다.

② 방바닥 두께는 구들장 밑선에서 마감선 상부 면까지를 적용한다.

③ 연료는 일반 목재 중량비중 420을 적용한 것이다(부피 850×350×350/42kg).

④ 구들장 두께는 50mm를 기준으로 하며, 100mm 전후로 축열층 자갈과 흙을 깔아준다.

⑤ 고임돌은 세라믹벽돌(규격 190×60×90)을 사용하며, 고래는 높이 200mm, 가로 200mm, 세로 200mm 전후로 하고, 고래 방법은 흩은고래(40장)와 줄고래(90장)로 한다(㎡당 40~90장 전후 소요).

⑥ 난방 열량 기준은 우리나라 남부지방의 12월 초를 기준으로 한다.

⑦ 영업용과 가정용을 구분하는 것이 좋다(장시간 불을 때는 영업용은 가정용보다 바닥을 배로 두껍게 시공해야 한다).

⑧ 열이 없는 상태에서 첫불을 기준으로 한 것이므로 계속 사용할 때의 난방 온도 상승 시간은 약 30분 정도 앞당겨지고 연료 소비도 30% 감소한다.

⑨ 난방 방법은 군불용으로, 함실 크기는 500×500×1000 정도를 기준 규격으로 한다.

04

방바닥 지점별 온도 변화

(1) 구들방 시간대별 온도 변화

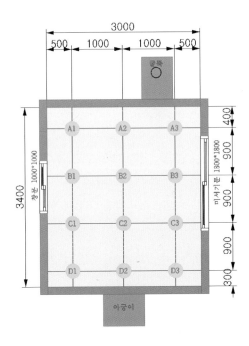

- 측정 지역 : 남부지방
- 측정 일시 : 2014년 3월 2일 오후 5시 30분부터 익일 , 바닥에서 300mm 지점
  에서 측정

- 당일 온도 : 외부 영상 10℃, 내부(방바닥에서 1m 지점) 영상 18℃
- 시작 온도 : 아랫목에서 3곳(1,2,3 지점)을 지정, 500mm-1000mm-1000mm 윗목 방향으로 4곳(1,4,7,10 지점)을 지정, 500mm-800mm-800mm-800mm
- 방 크기 : 높은 한옥, 맞배집, H2400×L3000×L3400mm(약 10㎡)
- 고래 방법 : 줄고래와 흩은고래 혼용, 고래 높이 250mm 전후
- 방바닥 두께 : 평균 150mm, 윗목 100mm, 아랫목 250mm
- 사용 연료 : 마른 일반 목재 25kg

시간 \ 지점	경과 시간	1 지점	2 지점	3 지점	4 지점	5 지점	6 지점	7 지점	8 지점	9 지점	10 지점	11 지점	12 지점
								보온된 지점(이불 속)					
17:30(시작)	0시간	22.7	25.0	23.6	22.9	25.5	22.6	19.6	21.9	21.5	19.4	19.6	18.4
18:30	1	20.8	22.6	21.7	22.9	23.3	22.6	21.8	22.7	22.3	23.5	22.3	23.9
19:30	2	21.7	24	20.5	27	23	25	27	25	30	29	29	28
20:30	3	25.5	28	22	32	27.5	29	33	28	34	34	32	32
21:30	4	28	33	23	33	31	36	37	32	37	37	34	35
23:30	6	33	41	26	43	42	38	49	43	54	40	36	39
02:30	9	36	46	30	46	47	40	49	51	54	40	36	39
04:30	11	39	46	31	43	52	42	53	54	56	42	37	39
06:30	13	35.5	38	32	54	51	41	53	54	52	37	34	34.5
13:00	19.5	36	41	32	39	45	36	56	59	48	37	34	34
17:30(2일)	24	34.7	39.5	34	36	40	37	52	57	51	37	34	34
22:00	28.5	32.5	36	33.8	33.5	35	33.5	52	55.2	46.3	34	33	32.5
06:00	36.5	28.5	30.5	29	28	30.5	30	44	47.5	38	32	32	29
12:30	43	27.5	28	27	28	29.5	28.5	39.5	46	37	30	28.5	27
17:30(3일)	48	27	28	27	30.5	32.7	29.3	39	43	37	30	29	28
06:00	60.5	23	23.5	22.8	24.5	24.5	23	32.5	36.4	31	25	24.8	24.5

- 측정 지역 : 남부지방
- 측정 일시 : 2013년 12월 24일 오전 8시부터 밤 23시까지, 바닥에서 300mm 지점에서 측정
- 당일 온도 : 외부 영하 9℃, 내부(방바닥에서 1m 지점) 영상 9℃
- 방 크기 : 높은 한옥, 맞배집, H2400×L3000×L3400mm(약 10㎡)
- 고래 방법 : 줄고래와 흩은고래 혼용, 고래 높이 250mm 전후
- 방바닥 두께 : 평균 150mm, 윗목 100mm, 아랫목 250mm
- 사용 연료 : 마른 일반 목재 30kg

A윗목에서 D아랫목으로	A라인(윗목)			B라인			C라인			D라인(아랫목)		
23시	23℃	28℃	25℃	25℃	28℃	20℃	30℃	28℃	24℃	27℃	25℃	24℃
18시	22℃	38℃	30℃	36℃	40℃	32℃	44℃	39℃	31℃	36℃	34℃	37℃
16시	22℃	35℃	29℃	36℃	36℃	34℃	46℃	38℃	36℃	36℃	34℃	37℃
15시	21℃	34℃	28℃	34℃	34℃	33℃	45℃	35℃	35℃	36℃	32℃	35℃
12시	18℃	24℃	22℃	27℃	30℃	27℃	39℃	34℃	33℃	34℃	31℃	32℃
11시	17℃	22℃	17℃	24℃	25℃	23℃	33℃	33℃	30℃	32℃	30℃	31℃
10시	14℃	18℃	16℃	20℃	20℃	19℃	30℃	29℃	29℃	29℃	26℃	30℃
9시	14℃	16℃	15℃	18℃	18℃	16℃	18℃	19℃	16℃	24℃	24℃	25℃
8시	14℃	16℃	15℃	17℃	16℃	15℃	17℃	16℃	15℃	17℃	17℃	17℃
	1지점	2지점	3지점	1지점	2지점	3지점	1지점	2지점	3지점	1지점	2지점	3지점

05

2~10평형 하방벽 재료별 견적서

〈2평형〉 2500×2500=6.25㎡(기본 높이 800mm 기준)

	품목	규격	단위	수량	단가	금액	비고
①	시멘트블록	6″ (150mm)	장	100	800	80,000	
	모래	㎥	㎥	1	60,000	60,000	
	시멘트		포	7	5,500	38,500	
	보통인부		인	2	100,000	200,000	
	조적공		인	1	200,000	200,000	
	공과잡비			10%		57,850	
	기업이윤			10%		63,635	
합계(VAT 별도)						**₩699,985**	

	품목	규격	단위	수량	단가	금액	비고
②	시멘트벽돌	190*90*60	장	1200	80	96,800	
	모래	㎥	㎥	2	60,000	120,000	
	시멘트		포	10	5,500	55,000	
	보통인부		인	2	100,000	200,000	
	조적공		인	1	200,000	200,000	
	공과잡비			10%		67,100	
	기업이윤			10%		73,810	
합계(VAT 별도)						**₩811,910**	

	품목	규격	단위	수량	단가	금액	비고
③	적벽돌	190*90*60	장	1200	300	360,000	
	모래	㎥	㎥	2	60,000	120,000	
	시멘트		포	10	5,500	55,000	
	보통인부		인	2	100,000	200,000	
	조적공		인	1	200,000	200,000	
	공과잡비			10%		93,500	
	기업이윤			10%		102,850	
합계(VAT 별도)						₩1,131,350	

〈3평형〉 3100×3100=9.61㎡(기본 높이 800mm 기준)

	품목	규격	단위	수량	단가	금액	비고
①	시멘트블록	6" (150mm)	장	124	800	99,200	
	모래	㎥	㎥	2	60,000	120,000	
	시멘트		포	10	5,500	55,000	
	보통인부		인	3	100,000	300,000	
	조적공		인	1	200,000	200,000	
	공과잡비			10%		77,420	
	기업이윤			10%		85,162	
합계(VAT 별도)						₩936,782	

	품목	규격	단위	수량	단가	금액	비고
②	시멘트벽돌	190*90*60	장	1488	80	119,040	
	모래	㎥	㎥	2	60,000	120,000	
	시멘트		포	10	5,500	55,000	
	보통인부		인	3	100,000	300,000	
	조적공		인	2	200,000	400,000	
	공과잡비			10%		99,404	
	기업이윤			10%		109,344	
합계(VAT 별도)						₩1,202,788	

	품목	규격	단위	수량	단가	금액	비고
③	적벽돌	190*90*60	장	1488	300	446,400	
	모래	㎥	㎥	2	60,000	120,000	
	시멘트		포	10	5,500	55,000	
	보통인부		인	3	100,000	300,000	
	조적공		인	2	200,000	400,000	
	공과잡비			10%		132,140	
	기업이윤			10%		145,35	
합계(VAT 별도)						₩1,598,894	

〈4평형〉 3600×3600=12.96㎡(기본 높이 800mm 기준)

	품목	규격	단위	수량	단가	금액	비고
①	시멘트블록	6" (150mm)	장	144	800	115,200	
	모래	㎥	㎥	2	60,000	120,000	
	시멘트		포	10	5,500	55,000	
	보통인부		인	3	100,000	300,000	
	조적공		인	2	200,000	400,000	
	공과잡비			10%		99,020	
	기업이윤			10%		108,922	
합계(VAT 별도)						₩1,198,142	

	품목	규격	단위	수량	단가	금액	비고
②	시멘트벽돌	190*90*60	장	1728	80	138,240	
	모래	㎥	㎥	2	60,000	120,000	
	시멘트		포	12	5,500	66,000	
	보통인부		인	3	100,000	300,000	
	조적공		인	2	200,000	400,000	
	공과잡비			10%		102,424	
	기업이윤			10%		112,666	
합계(VAT 별도)						₩1,239,330	

	품목	규격	단위	수량	단가	금액	비고
③	적벽돌	190*90*60	장	1728	300	518,400	
	모래	㎥	㎥	2	60,000	120,000	
	시멘트		포	12	5,500	66,000	
	보통인부		인	3	100,000	300,000	
	조적공		인	2	200,000	400,000	
	공과잡비			10%		140,440	
	기업이윤			10%		14,484	
합계(VAT 별도)						₩1,699,324	

〈5평형〉 4,100×4,100=16.81㎡(기본 높이 800mm 기준)

	품목	규격	단위	수량	단가	금액	비고
①	시멘트블록	6" (150mm)	장	164	800	131,200	
	모래	㎥	㎥	2	60,000	120,000	
	시멘트		포	12	5,500	66,000	
	보통인부		인	3	100,000	300,000	
	조적공		인	2	200,000	400,000	
	공과잡비			10%		101,720	
	기업이윤			10%		111,892	
합계(VAT 별도)						₩1,230,812	

	품목	규격	단위	수량	단가	금액	비고
②	시멘트벽돌	190*90*60	장	1960	80	156,800	
	모래	㎥	㎥	2.5	60,000	150,000	
	시멘트		포	15	5,500	82,500	
	보통인부		인	3	100,000	300,000	
	조적공		인	2	200,000	400,000	
	공과잡비			10%		108,930	
	기업이윤			10%		119,823	
합계(VAT 별도)						₩1,318,053	

	품목	규격	단위	수량	단가	금액	비고
③	적벽돌	190*90*60	장	1960	300	588,000	
	모래	㎥	㎥	2.5	60,000	150,000	
	시멘트		포	15	5,500	82,500	
	보통인부		인	3	100,000	300,000	
	조적공		인	2	200,000	400,000	
	공과잡비			10%		152,050	
	기업이윤			10%		167,255	
합계(VAT 별도)						₩1,839,805	

〈8평형〉 4100×6500=26.6㎡(기본 높이 800mm 기준)

	품목	규격	단위	수량	단가	금액	비고
①	시멘트블록	6"(150mm)	장	212	800	169,600	
	모래	㎥	㎥	3	60,000	180,000	
	시멘트		포	15	5,500	82,500	
	보통인부		인	4	100,000	400,000	
	조적공		인	3	200,000	600,000	
	공과잡비			10%		143,210	
	기업이윤			10%		157,531	
합계(VAT 별도)						₩1,732,841	

	품목	규격	단위	수량	단가	금액	비고
②	시멘트벽돌	190*90*60	장	2544	80	203,520	
	모래	㎥	㎥	3	60,000	180,000	
	시멘트		포	15	5,500	82,500	
	보통인부		인	4	100,000	400,000	
	조적공		인	3	200,000	600,000	
	공과잡비			10%		146,602	
	기업이윤			10%		161,262	
합계(VAT 별도)						₩1,77,884	

	품목	규격	단위	수량	단가	금액	비고
③	적벽돌	190*90*60	장	2544	300	763,200	
	모래	㎥	㎥	3	60,000	180,000	
	시멘트		포	15	5,500	82,500	
	보통인부		인	4	100,000	400,000	
	조적공		인	3	200,000	600,000	
	공과잡비			10%		202,570	
	기업이윤			10%		222,827	
합계(VAT 별도)						₩2,451,097	

〈10평형〉 5100×6500=33.15㎡(기본 높이 800mm 기준)

	품목	규격	단위	수량	단가	금액	비고
①	시멘트블록	6"(150mm)	장	232	800	185,600	
	모래	㎥	㎥	3	60,000	180,000	
	시멘트		포	15	5,500	82,500	
	보통인부		인	4	100,000	400,000	
	조적공		인	3	200,000	600,000	
	공과잡비			10%		144,810	
	기업이윤			10%		159,291	
합계(VAT 별도)						₩1,752,201	

	품목	규격	단위	수량	단가	금액	비고
②	시멘트벽돌	190*90*60	장	2784	80	222,720	
	모래	㎥	㎥	4	60,000	240,000	
	시멘트		포	20	5,500	110,000	
	보통인부		인	4	100,000	400,000	
	조적공		인	3	200,000	600,000	
	공과잡비			10%		157,272	
	기업이윤			10%		161,262	
합계(VAT 별도)						₩1,902,991	

	품목	규격	단위	수량	단가	금액	비고
③	적벽돌	190*90*60	장	2784	300	835,200	
	모래	㎥	㎥	4	60,000	240,000	
	시멘트		포	20	5,500	110,000	
	보통인부		인	4	100,000	400,000	
	조적공		인	3	200,000	600,000	
	공과잡비			10%		218,520	
	기업이윤			10%		240,372	
합계(VAT 별도)						**₩2,644,092**	

06 기존 벽이 있는 구들 놓기 기본 시방서

방바닥 높이는 아궁이 바닥에서 방 마감선까지 800mm 이상으로 한다. 아궁이가 낮고 고래개자리가 깊으면 불이 잘 든다.

① 하방 내부 벽 : 연기가 새지 않고 바람이 들어오지 않도록 황토 바르기를 하고 고임돌과 시근담은 바르지 않는다.

② 함실벽 : 아궁이는 함실형으로 하고, 외벽 쪽은 200mm 정도 돌출하게 하며, 안쪽으로 시근담 내벽에서 방 크기에 따라 600~1200mm 깊게 한다.

③ 이맛돌 : 현무암 300×600mm×50T를 2단으로 놓고, 한 단 높이마다 철근 토막을 2개 이상 깔아 이맛돌과 벽을 보호한다.

④ 고래개자리 : 시근담은 4″ 블록으로 마감선보다 100mm 낮게 쌓는다. 고래턱은 6″ 블록으로 시근담보다 200mm 낮게 쌓는다. 넓이는 200~300mm 이내로 한다.

⑤ 연도 : 크기는 굴뚝대 지름의 1.5배로 하고, 굴뚝대가 수직으로 처마를 벗어날 수 있도록 한다.

⑥ 굴뚝개자리 : 내경은 굴뚝대 지름의 4배 이상, 깊이는 고래개자리 보다 깊게, 높

이는 방바닥보다 낮게 쌓는다.

⑦ 시근담 : 적벽돌로 100mm 이상 넓이로 쌓는데, 높이는 아랫목과 윗목 지정한 높이에 먹선을 놓고 그 높이로 쌓는다.

⑧ 고임돌 : 적벽돌로 흩은고래와 줄고래를 혼용하여 고래를 쌓는데, 기초 바닥의 본바닥 높이에서 쌓는 것을 원칙으로 한다.

⑨ 고래 바닥 : 질 좋은 자연 흙이나 마사, 석분 등으로 채운다.

⑩ 구들장 : 700×500mm×80T 규격의 열에 강한 현무암 2장을 불목돌로 1단을 덮은 다음 500×500×50T 규격의 바닥돌을 덮고, 불목 위는 10~30mm 이내로 띄워 마감한다.

⑪ 굴뚝대 : 직경 150~200mm PE관으로 한다. 개자리는 몰타르 미장을 한다.

⑫ 화구 : 내경 300×380mm의 주물 기성품 20호 화구로 설치한다.

⑬ 아랫목 축열층 : 주먹돌(기능성)을 채운 뒤 황토와 자갈을 혼합하여 공간을 채운다.

⑭ 방바닥 미장 : 진흙과 일라이드를 1:1로 섞어 마감하며, 균열을 방지하기 위해 하이바글라스 망이나 부직포를 부착한다.

※ 구들장은 규격재 시공을 원칙으로 한다. 구들장 시공 기술료는 기능에 따라 별도 산정할 수 있다.

참고사항

구들 공사에도 집 짓는 공사와 같이 자재 선택에 따라 가격차가 많이 난다. 본 시방서는 기본 자재를 기준으로 산정되었다. 하방벽 재료, 고임돌 종류, 기능성 자재 선택, 방 마감 방법 등에 따라 차이가 많으며, 굴뚝 자재에서 차이가 가장 많이 난다. 따라서 한 가지 한 가지 자재를 신중히 선택한 후 견적과 시공을 해야 오해가 생기지 않는다.

07

2~10평형 구들방 견적서

〈2평형〉 2500×2500=6.25㎡(기존벽과 하방벽이 있는 구조)

	품목	규격	단위	수량	단가	금액	비고
	시멘트 블록	4"(100mm)	장	50	600	30,000	굴뚝, 고래개자리
	시멘트 블록	6"(150mm)	장	18	800	14,400	고래턱
	시멘트 벽돌	200×90×60	장	200	80	16,000	블록 보조용
	시멘트		포	4	5,000	20,000	기초 쌓기용
	모래	미장사	㎥	1	60,000	60,000	시멘트, 흙 배합용
	채로 친 황토	30kg	포	10	5,000	50,000	조적+바닥미장
	부토흙	막토 톤빽	㎥	1	60,000	60,000	구들장 위 부토
	적벽돌 (함실+굄돌)	(흩은고래) 200×90×60	장	520	300	156,000	줄고래 800장
	이맛돌	현무암 500×600×50T	장	2	15,000	30,000	
	철근	Ø16×700mm	대	4	2,000	8,000	이맛돌 위 보강
	불목돌	현무암 1000×500×80T	장	2	60,000	120,000	
	구들장	현무암 500×500×50T	장	25	10,000	250,000	
	기능성 규사 (일라이트)	50메쉬 30kg	포	5	15,000	75,000	
	굴뚝대	Ø200 PE관	개	1	25,000	25,000	

	품목	규격	단위	수량	단가	금액	비고
	화구(불문)	기성품 300×380	개	1	60,000	60,000	
	축열용 주먹돌	기능성 100~150mm	kg	200	600	120,000	
	하이바글라스 망		㎡	7	1,500	10,500	바닥 보강 메쉬
인부	보통인부		인	2	100,000	200,000	
	미장, 조적 (보조)		품	2	300,000	600,000	
	구들공		품	1	400,000	400,000	
	운송료	기본 거리 30km 이내	일식			200,000	
	중식 및 간식		일식			100,000	
	공과잡비			10%		260,490	
	기업이윤			10%		286,539	
합계(VAT 별도)						**₩3,151,929**	

〈3평형〉 3100×3100(기존벽과 하방벽이 있는 구조)

	품목	규격	단위	수량	단가	금액	비고
	시멘트 블록	4"(100mm)	장	56	600	33,600	굴뚝, 고래개자리
	시멘트 블록	6"(150mm)	장	25	800	20,000	고래턱
	시멘트 벽돌	200×90×60	장	200	80	16,000	블록 보조용
	시멘트		포	5	5,000	25,000	기초 쌓기용
	모래	미장사	㎡	1	60,000	60,000	시멘트, 흙 배합용
	채로 친 황토	30kg	포	12	5,000	60,000	조적+바닥미장
	부토흙	막토 톤빽	㎡	1	60,000	60,000	구들장 위 부토
	적벽돌 (함실+굄돌)	(흩은고래) 200×90×60	장	650	300	195,000	줄고래 800장
	이맛돌	현무암 500×600×50T	장	2	15,000	30,000	
	철근	Ø16×700mm	대	4	2,000	8,000	이맛돌 위 보강
	불목돌	현무암 1000×500×80T	장	2	60,000	120,000	
	구들장	현무암 500×500×50T	장	36	10,000	360,000	

	품목	규격	단위	수량	단가	금액	비고
	기능성 규사 (일라이트)	50메쉬 30kg	포	6	15,000	90,000	
	굴뚝대	Ø200 PE관	개	1	25,000	25,000	
	화구(불문)	기성품 300×380	개	1	60,000	60,000	
	축열용 주먹돌	기능성 100~150mm	kg	250	600	150,000	
	하이바글라스 망		㎡	10	1,500	15,000	바닥 보강 메쉬
인부	보통인부		인	2	100,000	200,000	
	미장, 조적 (보조)		품	2	300,000	600,000	
	구들공		품	2	400,000	800,000	
	운송료	기본 거리 30km 이내	일식			200,000	
	중식 및 간식		일식			200,000	
	공과잡비			10%		332,760	
	기업이윤			10%		366,036	
합계(VAT 별도)						**₩4,026,396**	

〈4평형〉 3600×3600(기존벽과 하방벽이 있는 구조)

	품목	규격	단위	수량	단가	금액	비고
	시멘트 블록	4"(100mm)	장	60	600	36,000	굴뚝, 고래개자리
	시멘트 블록	6"(150mm)	장	27	800	21,600	고래턱
	시멘트 벽돌	200×90×60	장	200	80	16,000	블록 보조용
	시멘트		포	5	5,000	25,000	기초 쌓기용
	모래	미장사	㎥	1.5	60,000	90,000	시멘트, 흙 배합용
	채로 친 황토	30kg	포	15	5,000	75,000	조적+바닥미장
	부토흙	막토 톤빽	㎥	1.5	60,000	90,000	구들장 위 부토
	적벽돌 (함실+굄돌)	(흩은고래) 200×90×60	장	800	300	240,000	줄고래 800장
	이맛돌	현무암 500×600×50T	장	2	15,000	30,000	
	철근	Ø16×700mm	대	4	2,000	8,000	이맛돌 위 보강

	품목	규격	단위	수량	단가	금액	비고
	불목돌	현무암 1000×500×80T	장	2	60,000	120,000	
	구들장	현무암 500×500×50T	장	50	10,000	500,000	
	기능성 규사 (일라이트)	50메쉬 30kg	포	7	15,000	105,000	
	굴뚝대	Ø200 PE관	개	1	25,000	25,000	
	화구(불문)	기성품 300×380	개	1	60,000	60,000	
	축열용 주먹돌	기능성 100~150mm	kg	300	600	180,000	
	하이바글라스망		m²	13	1,500	19,500	바닥 보강 메쉬
인부	보통인부		인	3	100,000	300,000	
	미장, 조적 (보조)		품	2	300,000	600,000	
	구들공		품	2	400,000	800,000	
	운송료	기본 거리 30km 이내	일식			250,000	
	중식 및 간식		일식			120,000	
	공과잡비			10%		371,110	
	기업이윤			10%		408,221	
합계(VAT 별도)						**₩4,490,431**	

〈5평형〉 4100×4100(기존벽과 하방벽이 있는 구조)

	품목	규격	단위	수량	단가	금액	비고
	시멘트 블록	4"(100mm)	장	64	600	38,400	굴뚝, 고래개자리
	시멘트 블록	6"(150mm)	장	30	800	24,000	고래턱
	시멘트 벽돌	200×90×60	장	300	80	24,000	블록 보조용
	시멘트		포	7	5,000	35,000	기초 쌓기용
	모래	미장사	m³	2	60,000	120,000	시멘트, 흙 배합용
	채로 친 황토	30kg	포	15	5,000	75,000	조적+바닥미장
	부토흙	막토 톤빽	m³	2	60,000	120,000	구들장 위 부토
	적벽돌 (함실+굄돌)	(흩은고래) 200×90×60	장	1000	300	300,000	줄고래 800장

	품목	규격	단위	수량	단가	금액	비고
	이맛돌	현무암 500×600×50T	장	2	15,000	30,000	
	철근	Ø16×700mm	대	4	2,000	8,000	이맛돌 위 보강
	불목돌	현무암 1000×500×80T	장	2	60,000	120,000	
	구들장	현무암 500×500×50T	장	64	10,000	640,000	
	기능성 규사 (일라이트)	50메쉬 30kg	포	10	15,000	150,000	
	굴뚝대	Ø200 PE관	개	1	25,000	25,000	
	화구(불문)	기성품 300×380	개	1	60,000	60,000	
	축열용 주먹돌	기능성 100~150mm	kg	300	600	180,000	
	하이바글라스 망		㎡	17	1,500	25,500	바닥 보강 메쉬
인부	보통인부		인	3	100,000	300,000	
	미장, 조적 (보조)		품	2	300,000	600,000	
	구들공		품	2	400,000	800,000	
	운송료	기본 거리 30km 이내	일식			250,000	
	중식 및 간식		일식			150,000	
	공과잡비			10%		407,490	
	기업이윤			10%		448,239	
합계(VAT 별도)						**₩4,930,629**	

〈8평형〉 4100×6500(기존벽과 하방벽이 있는 구조)

	품목	규격	단위	수량	단가	금액	비고
	시멘트 블록	4"(100mm)	장	64	600	38,400	굴뚝, 고래개자리
	시멘트 블록	6"(150mm)	장	30	800	24,000	고래턱
	시멘트 벽돌	200×90×60	장	300	80	24,000	블록 보조용
	시멘트		포	7	5,000	35,000	기초 쌓기용
	모래	미장사	㎡	2	60,000	120,000	시멘트, 흙 배합용
	채로 친 황토	30kg	포	20	5,000	100,000	조적+바닥미장

품목	규격	단위	수량	단가	금액	비고
부토흙	막토 톤빽	㎥	3	60,000	180,000	구들장 위 부토
적벽돌 (함실+굄돌)	(흩은고래) 200×90×60	장	1500	300	450,000	줄고래 800장
이맛돌	현무암 500×600×50T	장	2	15,000	30,000	
철근	Ø16×700mm	대	4	2,000	8,000	이맛돌 위 보강
불목돌	현무암 1000×500×80T	장	2	60,000	120,000	
구들장	현무암 500×500×50T	장	104	10,000	1,040,000	
기능성 규사 (일라이트)	50메쉬 30kg	포	15	15,000	225,000	
굴뚝대	Ø200 PE관	개	1	25,000	25,000	
화구(불문)	기성품 300×380	개	1	60,000	60,000	
축열용 주먹돌	기능성 100~150mm	kg	300	600	180,000	
하이바글라스망		㎡	27	1,500	40,500	바닥 보강 메쉬
인부 보통인부		인	5	100,000	500,000	
미장, 조적 (보소)		품	2	300,000	600,000	
구들공		품	2	400,000	800,000	
운송료	기본 거리 30km 이내	일식			300,000	
중식 및 간식		일식			150,000	
공과잡비			10%		504,990	
기업이윤			10%		555,489	
합계(VAT 별도)					₩6,110,379	

〈10평형〉 5100×6500(기존벽과 하방벽이 있는 구조)

품목	규격	단위	수량	단가	금액	비고
시멘트 블록	4"(100mm)	장	77	600	46,200	굴뚝, 고래개자리
시멘트 블록	6"(150mm)	장	38	800	30,400	고래턱
시멘트 벽돌	200×90×60	장	500	80	40,000	블록 보조용

	시멘트		포	10	5,000	50,000	기초 쌓기용
	모래	미장사	㎥	3	60,000	180,000	시멘트, 흙 배합용
	채로 친 황토	30kg	포	25	5,000	125,000	조적+바닥미장
	부토흙	막토 톤빽	㎥	4	60,000	240,000	구들장 위 부토
	적벽돌 (함실+굄돌)	(흩은고래) 200×90×60	장	2000	300	600,000	줄고래 800장
	이맛돌	현무암 500×600×50T	장	2	15,000	30,000	
	철근	Ø16×700mm	대	4	2,000	8,000	이맛돌 위 보강
	불목돌	현무암 1000×500×80T	장	2	60,000	120,000	
	구들장	현무암 500×500×50T	장	130	10,000	1,300,000	
	기능성 규사 (일라이트)	50메쉬 30kg	포	20	15,000	300,000	
	굴뚝대	Ø200 PE관	개	1	25,000	25,000	
	화구(불문)	기성품 300×380	개	1	60,000	60,000	
	축열용 주먹돌	기능성 100~150mm	kg	300	600	180,000	
	하이바글라스 망		㎡	33	1,500	49,500	바닥 보강 메쉬
인부	보통인부		인	5	100,000	500,000	
	미장, 조적 (보조)		품	3	300,000	900,000	
	구들공		품	3	400,000	1,200,000	
	운송료	기본 거리 30km 이내	일식			300,000	
	중식 및 간식		일식			150,000	
	공과잡비			10%		643,410	
	기업이윤			10%		707,751	
합계(VAT 별도)						₩7,785,261	

08 구들 시공의 이해와 시공 방법

무슨 일이든 원리를 알면 쉬운 것처럼, 구들 시공도 용어와 구조별 기능을 이해하면 놓기가 한결 쉽고 시간도 절약할 수 있으며 만족스러운 결과를 얻을 수 있다. 하지만 준비도 없고 계획도 세우지 않았다면 시간만 낭비하고 원하는 효과를 기대하기 어렵기 마련이다.

필자는 오랫동안 현장에서 많은 시행착오를 겪은 경험을 바탕으로, 어떤 형태의 구들을 놓는다 하더라도 누구든지 쉽게 이해하고, 자재만 있으면 어디서도 쉽게 시공할 수 있도록 도면과 용어를 정리했다. 많은 구들 예찬가들의 이해를 돕고 도움이 되었으면 하는 마음이다.

(1) 구들 놓기에 필요한 자재와 공구

① 구들 놓기에 필요한 자재

- 기초 하방벽 재료 : 시멘트, 모래, 자갈, 시멘트 블록, 시멘트 벽돌, 자연석, 기와, 흙.
- 구들 재료 : 이맛돌, 함실장(불목돌), 구들장, 고임돌, 흙, 불문, 굴뚝, 갓.
- 기타 부재료 : 철근 토막, 생석회, 풀, 하이바그라스, 기능성 규사

1. 자연석 구들장   2. 연통과 갓   3. 댐퍼
4. 주문형 불문   5. 현무암 구들장   6. 일라이트

7	8
9	10
11	12

7. 불목돌   8. 흡출기   9. 규격재 고임돌
10. 가정식 구들 구조   11. 제조황토   12. 유리망

② 구들 놓기에 필요한 공구

각삽, 마루삽, 곡괭이, 중망치, 벽돌망치, 벽돌 흙손, 미장 흙칼, 미장 몰타르판, 미
장솔, 연필, 먹줄, 실, 수평호수, 수평대 大·小, 물 바켓스, 다라이, 잣대, 나무칼, 손
톱, 다림추, 빠루(쇠지레), 전동공구(믹서용 드릴, 그라인더)

(2) 구들 시공 순서

하방벽을 쌓은 이후 시공하는 순서를 보면 다음과 같다. 함실(아궁이) → 불문(화구) → 이맛돌 → 함실벽 → 시근담 → 고임돌 → 고래 → 고래뚝 → 고래턱 → 고래개자리 → 연도 → 굴뚝개자리 → 굴뚝 → 구들장 → 쇄석 순으로 시공한다.

구들방은 먼저 아궁이와 굴뚝 위치를 정한 후 시공에 들어간다. 아궁이는 바람이 시작하는 곳이나 바람이 몰리는 곳에 두는 것이 좋은데, 해당 지역에서 오래 산 사람에게 물어보거나 불을 때는 계절에 직접 바람의 방향을 확인하여 아궁이를 설치하는 것이 좋다

구들 시공하기 전 3단계 이해 방법

1단계 : 구들을 놓기 위해 방이 구성되기 전 하방이란 구들 공간을 먼저 만들고 → 아궁이를 만들고 → 고래를 만든 다음 → 구들장을 덮고 → 굴뚝을 세워 아궁이에 불을 시핀나.

2단계 : 1단계 하방벽을 축조하면서 아궁이가 될 높이에 벽을 보호하는 이맛돌을 올리고 → 고래 → 시근담 → 고래뚝 → 고래턱 → 고래개자리 → 연도 → 구들장 → 굴뚝개자리 → 굴뚝 → 불 때기

3단계 : 2단계를 마친 후 → 이맛돌 걸기 → 아궁이 → 불목 → 고래 → 시근담 → 고래뚝 → 고래턱−고래개자리 → 연도 → 구들장 → 굴뚝개자리 → 굴뚝대 → 방바닥 진흙 바름 → 화구 설치 → 불 때기

하방벽 쌓기가 끝난 후 구들 시공 순서 : ①시근담 쌓기 ②함실턱과 고래턱 쌓기 ③고임돌(굄돌) 놓기 ④구들 밑 부토 채우기 ⑤함실장(불목돌) 놓기 ⑥고래개자리 위 덮기 ⑦바닥 덮기 ⑧새석과 새침(거미줄 치기) 하기 ⑨연기 잡기 ⑩부토 채우기 ⑪

초벌미장 하기 ⑫ 재벌미장 하기 ⑬ 정벌미장 하기

※이맛돌과 연도는 하방을 쌓을 때 모두 장치한다.

① 하방벽 쌓기

구들을 놓기 위해 방바닥이 될 높이를 정한 다음 하방벽을 쌓는데, 상부 벽의 두께와 같거나 더 넓어야 되며, 구들장이 걸릴 시근담은 별도로 100mm 이상 더 넓게 만들어 단열 효과까지 볼 수 있어야 한다.

기본적인 구들방 높이는 아궁이 바닥에서 방바닥 마감선까지 최소 800mm 이상 되어야 한다. 아궁이는 가로 500mm 이내, 세로는 바닥에서 500mm 이내로 공간을 확보하고, 연도는 바닥에서 200mm 올라온 지점에서 연통 지름의 1.5~2배 또는 가로세로 300×300mm 전후로 열어준다. 구들방은 아궁이가 낮을수록 좋으며, 지형적으로 습기가 많은 지역이면 방을 높여주는 것이 좋다. 구들은 가정용과 영업용, 주말용 등 용도를 정하여 그에 맞는 시공을 하는 것이 좋다.

② 이맛돌 놓기

하방벽을 쌓고 나면 이맛돌과 함실벽을 설치한다. 이맛돌을 놓기 위해서는 벽 넓이와 시근담 넓이, 외부 솥전 넓이 이상의 공간이 필요하며, 이맛돌은 열에 강하고 벽을 지탱할 수 있는 튼튼한 돌이어야 한다. 벽 보호를 위해 직경 13mm 이상의 철근 두세 개를 이맛돌 위에 올려주면 벽이 보호된다. 벽을 보강하지 않으면 열을 받으면서 금이 많이 간다.

▲ 내화물 이맛돌 걸기

이맛돌은 방바닥 마감선에서 최소 300mm 아래에 설치하고, 아궁이(함실) 입구는 부뚜막이 있는 아궁이일 때는 이맛돌을 기준으로 400×300~400mm 정도로 열고, 함실아궁이일 때는 500×500mm 이내가 적당하다. 단, 솥을 많이 사용하는 아궁이라면 부넘기 공간은 300×300mm 정도가 적당하다.

이맛돌 위의 벽은 열을 가장 많이 받는 곳으로, 수축과 팽창으로 인해 벽이 갈라지게 된다. 이맛돌은 솥전을 거는 턱이 되면서 아궁이에서 뿜어져 나오는 연기와 열기가 벽에 부딪히지 않도록 밖으로 내밀어 벽을 보호하기도 한다. 방 안쪽으로 내민 턱은 구들턱, 시근담과 같이 구들장을 받치는 역할을 한다.

이맛돌의 넓이는 벽 넓이와 솥전 넓이, 시근담 넓이를 포함한 넓이여야 하고, 내화성이 좋은 두꺼운 돌로 한 겹으로 놓거나 현무암 기성품 50T를 이중으로 설치하는 방법이 있다. 한 단을 놓을 때마다 16mm 철근을 2개 이상 깔아 보호하는 것이 좋다.

아궁이와 이맛돌은 바늘과 실이다. 아궁이는 불을 지피는 곳이며, 이맛돌은 아궁이 상부 벽을 보호하면서 밖으로는 솥전을 걸고 안으로는 시근담과 같이 구들을 받치는 역할을 한다.

③ 아궁이(함실) 만들기

아궁이는 불을 지피는 공간으로, 위치는 바람이 시작하는 곳이나 산세나 지형에 따라 바람이 몰리는 곳을 선택하는 것이 좋으며, 방 중심에 두는 것이 열을 분배하기에 좋다.

하방벽 조적이 끝나면 아궁이 자리와 고래개자리를 만들어야 하는데, 먼저 아궁이가 솥을 거는 부뚜막아궁이인지 군불만 때는 함실아궁이인지, 큰 방인지 작은 방인지를 따져 아궁이 조적 방법을 다르게 해야 한다. 아궁이는 사용 방법에 따라 벽난로식 아궁이, 레일식 아궁이, 재받이식 아궁이로도 나눌 수 있다.

아궁이의 높이와 크기는 방바닥 마감선을 기준으로 하여 용도에 따라 다양하게 한다. 재래형 아궁이는 상부 면이 방바닥 마감선보다 최소 400mm 아래에 위치하도록 하며, 가로(넓이)는 400~500mm 세로(높이)는 500mm 전후로 불문 크기에 맞춘다. 깊이는 부뚜막아궁이, 함실아궁이, 재받이식 아궁이, 방 크기 등에 따라 조절하는 것이 좋다.

아궁이가 크면 허하여 바람을 많이 타며 연료도 많이 든다. 아궁이가 작을수록 불힘이 세며 불이 잘 든다. 또한 함실은 입구보다 고래 쪽으로 50~10mm 이내로 좁을수록 불이 세게 들어가며, 뒷면이 타원형이면 불길이 장애를 받지 않아 진행 속도가 빨라진다.

아궁이 바닥은 고래 쪽으로 5~10도 경사를 주며, 불고개는 방 길이가 길면 50~60도 눕혀주고 방 길이가 짧으면 세워주어 불고개를 지나 고래로 진입할 때 장애를 받지 않고 멀리가게 하는 것이 중요하다. 함실 위쪽은 생산되는 열을 그대로 받기 때문에 지나만 가더라도 따뜻하게 되어 있다. 만약 큰 방에 불고개를 너무 세우게 되면 아랫목이 타게 된다.

함실아궁이 크기는 가로 400~500mm, 높이 500mm, 깊이는 내벽에서 700~1000mm 정도로 하는데 방 크기에 맞춰 조절하고, 함실벽(턱) 높이는 이맛돌보다 150mm 내려간 높이로 한다. 또한 함실 뒤쪽 폭은 앞쪽보다 100mm 정도 좁게 하는 것이 좋다. 불길은 좁을수록 압력이 생기게 되어 멀리 보낼 수 있다.

함실 뒤턱은 고래로 날려 들어가는 재를 잡아주는 역할을 한다. 불목은 직선 방향은 100mm 이내로 좁혀주고 좌우 측면은 200mm 이상 열어주어 먼 곳까지 열을 유도하는 것이 기술이다. 그러나 너무 막으면 방바닥이 타는 경우가 있으니 분배를 잘 하는 것이 중요하다.

부뚜막 아궁이 만드는 방법

솥 크기를 정한 다음, 솥전 부분을 뺀 지름보다 20mm 정도 길게 나무자를 만들어 중심 부분에 못을 박는다. 아궁이 자리 벽면에서 100~150mm 정도 솥전 넓이 이상 띄우고 아궁이 중심에서 나무자를 벽에서 띄운 지점에 맞추고 시계바늘처럼 한 바퀴 원을 돌린다. 선 밖으로 고래 쪽을 비워두고 벽돌을 한단 돌려 쌓는다. 불문(화구) 위치를 외벽 선에 표시하고 불문 자리는 직선이 되게 벽돌을 쌓는다. 높이는 솥 밑이 이맛돌 밑선을 넘어오지 않도록 해야 한다.

참고사항

서양에서 우리 부뚜막을 보고 싱크대를 개발했다고 한다. 부뚜막은 전통 한옥에서 개수대, 조리대, 취사 준비대로 이용되는 편리한 공간으로 모든 행위가 부뚜막에서 진행되지만, 현대 구들의 아궁이는 취사용보다 군불용으로 사용하는 경우가 많아 열 손실이 많은 편이다. 가마솥은 열을 많이 잡아먹는데, 돌이나 쇠는 열 전도력이 빠른 반면 많은 열을 흡수한다. 상시 취사용으로 솥을 건다면 어쩔 수 없으나 어쩌다 한번쯤 필요하다면 한데(별도)부엌을 만들어 사용하는 것이 효과적이다. 아궁이에서 솥이 30% 이상 열을 빼앗아 가기 때문에 그 열을 방으로 돌린다면 하루 이상 난방을 더 할 수 있다.

◀ 한데부엌

참고사항 **부넘기를 줄 때와 주면 안 될 때**

부넘기는 취사를 주로 하는 부뚜막아궁이일 때 설치하는데, 부넘기가 없으면 불길이 고래 쪽으로 치솟아 솥의 물이나 음식이 빨리 끓지 않는다. 부넘기는 함실에서 발생된 열을 구들장으로 올려주고 재를 가라앉히며 열풍을 막는 역할을 하지만, 썩 만족할 만한 효과를 보지 못하는 경우가 있다. 따라서 부뚜막아궁이일 때와 함실아궁이일 때를 구분하여 다르게 장치하는 것이 좋다. 무엇보다 최우선은 아궁이에서 만들어진 열을 빠르게 구들 먼 곳까지 보내는 것이다. 열은 고래를 지나면서 구들돌로 전도되는데, 만약 열을 빨리 보내지 못하면 아랫목만 뜨거워 타는 경우가 생긴다. 그러므로 잘 시공된 구들은 윗목부터 따뜻하다고 하는 것이다(함실턱을 올려주기에 재가 날리는 것을 방지함).

연도 만들기

연도는 연기가 지나가는 길이라는 뜻이다. 일반적으로 짧으면 연도라 하고, 길 경우 고래개자리를 지나면서 내부로 지나면 내굴길, 외부로 지나면 외굴길이라 한다. 바람을 막아주고 습기와 연기를 내보내는 통로로서 너무 크면 바람이 내부로 침입하기 쉽고 좁으면 연기 토출을 막기 때문에, 연도의 크기는 굴뚝 토출구의 2배가 적당하다. 연도의 위치와 크기를 고려해서 놓은 구들이라야 잘 놓은 구들이라 할 수 있다.

위로 뜨는 남은 열을 보관하기 위해 최대한 내려간 곳에서 아래로 연도를 만들어야 한다. 굴뚝으로 나가는 연도구는 고래개자리 바닥에서 200mm 올라온 지점에 300×300mm 정도 되도록 오픈시키는 것이 좋다(연도는 굴뚝 지름의 1.5~2배 이내).

☞ 기초 하방벽 콘크리트 조적 공사(쌓기) 시 함실 입구와 연도 공간을 미리 확보하지 않으면 작업이 번거롭고 기초벽에 무리가 가기 때문에 기초벽을 시공할 때 오픈하는 것이 제일 좋다. 연도의 위치는 고래개자리 중심부가 좋으며, 바닥보다 200mm 정도 올라오는 것이 좋다. 내굴길일 때는 굴뚝개사리 쪽으로 5° 이내로 약간 기울게 하여 습이나 목초액이 발생했을 때 굴뚝개자리로 흐르도록 한다. 내굴길을 관으로 묻을 때는 굴뚝 지름보다 1.3~1.5배 큰 관을 묻는 것이 좋으며, 스틸관이나 아연관은 비싸면서 부식도 잘 되기 때문에 강도가 강하면서 썩지도 않는 PE관으로 묻는 것이 좋다. 관을 묻을 때 바닥 쪽에 연기가 지나면서 습과 목초액이 떨어져 쌓이지 않도록 굴뚝으로 경사를 주거나 10mm 정도의 빠져나갈 구멍을 몇 곳 뚫어두면 목초액이 굳어 쌓이는 것을 방지할 수 있다.

※주의 : 연도가 고래개자리 상부까지 온다면 내부에 온기를 굴뚝으로 배달하는 역할이 되므로 상부까지 올라오지 않도록 공간은 측면으로 조절하는 것이 좋다. 〈단면도 참조〉

④ 고래개자리 만들기

고래개자리는 열을 유도하고 연기와 습기를 빨아 당겨 정리하는 집진장치로, 연기를 흡수하면서 재분진과 습을 가라앉히고, 굴뚝으로 미처 나가지 못한 연기와 폐열을 체류하게 하는 동시에 열기의 진행을 멈추게 하면서 남은 폐열이 구들돌에 전도되게 하는 곳이며, 역풍을 차단하는 곳이기도 하다. 그러기에 고래개자리에는 열과 습이 내재해 있다. 아래쪽은 습기가 기승을 부리고 위쪽은 열이 깔려 있다. 열과 습이 움직일 수 있도록 공간을 배려해야 한다. 위쪽은 방바닥에 공급하고 남거나 밀려나온 열이 떠있는 상태이기 때문에 남은 열을 1차 저장하는 곳이 고래개자리다.

고래개자리 만들기는 방 크기에 따라 'ㄱ'자 또는 'ㄷ'자 형태로 할 수 있으며, 일반적으로 5평 이내의 일반적인 방은 아궁이 반대편 한곳이 제일 좋으며 크기는 내벽선에서 600mm 들어온 선까지 고래개자리 기초를 판다. 깊이는 아궁이 바닥과 같거나 더 깊은 것이 좋은데, 일반 소형 황토방이라면 800~1000mm가 적당하며, 폭은 200~300mm 이내가 적당하다.

고래개자리 만드는 공간을 600mm 정도 확보하고, 확보된 곳에서 뒷벽 시근담은 100mm 이상 두께의 벽을 방바닥 마감선에서 100mm 아래 높이까지 쌓는다. 고래

개자리 공간을 250mm 띄우고 고래턱은 방바닥 마감선에서 250mm 내려간 높이까지 마무리 한다.

고래턱 두께는 부토층을 막기 위한 흙막이로 150mm 이상 블록이나 적벽돌, 기타 자재로 쌓고, 흙을 다져 밀려나가지 않게 단단히 쌓는다(고래개자리 뒤편 시근담보다는 150mm 내려간 선이 고래개자리 턱이 된다).

연기는 고래개자리를 거쳐 아래쪽 연도(내굴길)를 통해 열은 위로 뜨게 하고 연기와 습만 굴뚝으로 빠져나가야 한다. 그런데 고래개자리가 낮으면 역풍을 차단하지 못하고, 폐열을 저장하지 못하며, 습과 그을음을 가라앉히지 못하고, 연기가 많이 발생할 경우 굴뚝으로 빠져 나가지 못하고 아궁이로 역행하게 된다.

⑤ 하방벽 바르기와 부토 채우기

하방벽 조적이 끝나면 방구들 밑에 부토층 흙을 채워야 하는데, 흙을 채우기 전에 바람과 연기가 새지 않도록 하방벽(외벽) 조적 면을 미장해야 한다. 미장용 몰타르로 쓸 소재는 황토나 시멘트, 생석회 중에 선택하면 되는데, 건강을 위해 황토와 혼합하여 바르는 것도 가능하다. 습이 많거나 작업성을 생각한다면 작업하기 쉬운 소재를 선택하도록 한다.

하방(기초)벽 미장이 끝나고 나면 구들장이 규격재일 때는 고임돌을 구들장 크기에 맞게 시공한 후 부토를 채운다. 자연석일 때는 하루나 이틀 정도 지나 함실 뒤턱에서 고래턱 높이까지 흙 채우기를 하는데, 흙을 채우기 전 바닥 가장자리에 소금, 숯, 생석회 중 하나를 깔아주는 것이 벌레 퇴치에 좋다. 소금은 벌레 유입을 막고 기존 흙 속에 있는 벌레를 없애며, 숯이나 생석회

는 습도를 조절함과 동시에 항균제 역할을 하기 때문에 좋다. 또한 생석회는 벌레 유입이나 활동을 막아주며, 시간이 갈수록 강도가 강해져서 흙을 보호하는 역할을 한다. 흙을 높이에 맞게 성토한 후 고임돌이 침하되지 않도록 진동다짐이나 수다짐을 하여 견고하게 고름질을 한다.

⑥ 고래켜기와 열 분배하기

바닥 다짐이 끝나면 고래켜기로 고래와 고래둑을 만드는데, 구들장 재료에 따라 고임돌을 선택하면 된다. 고임돌은 내화벽돌이나 적벽돌, 자연석, 기와 등으로 시공할 수 있으며 자재에 따라 작업성에 많은 차이가 있다. 또한 가격 차이도 많으니 이를 고려해야 한다. 고임돌 설치 자재로 규격재인 내화벽돌이나 적벽돌을 선택하면 작업성도 좋고 시공 시간도 많이 단축할 수 있다.

외벽 쪽 시근담 넓이는 100mm 이상으로 하되 구들돌 크기에 따라 조절하는 것이 좋다. 고임돌

을 놓기 위해 방 크기에 맞춰 줄고래로 할 것인지 흩은고래로 할 것인지 고래 방법을 정하여 고래뚝과 고래 간격을 맞춘다. 고래 간격은 300mm 이내로 하고, 가정용 방의 고래뚝 높이는 200mm 정도가 적당하다.

고임돌과 고래뚝 놓는 방법

열기와 연기가 지나는 골을 고래라 하고, 고래를 만들기 위해 칸을 나누는 것을 고래켜기라 하며, 외부 벽 쪽으로 돌려쌓는 것을 시근담 또는 두둑이라 하고, 고래와 고래 사이 구들돌을 받치는 뚝을 고임돌(굄돌) 또는 고래뚝이라 한다. 고임돌(굄돌) 은 흩은고래일 때 독립적으로 구들돌을 받치는 방법을 말하며, 고래뚝은 길게 연결하여 뚝을 이루는 것을 말한다.

흩은고래 고임돌은 진행 방향으로 대각 모양으로 놓으면 열 흐름이 좋게 된다. 고래뚝과 고래뚝 사이는 300mm 이내로 하고, 큰 방 줄고래일 때는 3m 이후부터 1500mm마다 고래뚝을 200mm 전후로 열어 열 교환 장소를 만들어 주는 것이 열을 골고루 피지게 하는 방법이다.

굄돌이나 고래뚝은 구들장을 두 곳 혹은 많게는 네 곳을 받쳐야 되므로 넓이를 200mm 이상으로 하고, 시근담은 100mm 이상으로 하며, 높이는 용도에 따라 다르

게 하는 것이 좋다. 바닥 두께도 사용 용도에 맞게 하는 것이 좋다. 영업용이라면 방바닥 두께가 평균 200mm 이상 되어야 하고, 일시적으로 사용할 방이라면 100mm 이내로 하며, 상시 사용하는 방이나 가정용은 평균 150mm 정도가 좋다. 절 선방 같이 큰 방이면서 불을 상시 많이 땔 때는 방은 방바닥이 두꺼워야 된다.

고임돌은 시근담을 기준으로 하여 첫 고래 넓

▲ 혼용고래 설치

▲ 잘못 놓은 고임돌

이는 내부 외벽 선에서 30mm를 띄워 구들돌 규격에 맞춰 나누기를 한다. 가로세로 모두 같은 방법으로 나누기를 한 후 출입구와 먼 곳부터 쌓기 시작한다.

구들돌이 자연석일 때는 고래 높이 200mm 전후로 남기고 부토를 먼저 채운 뒤 바닥을 진동다짐이나 뢰다짐, 밟기 등으로 충분하게 다진 후 고임돌을 쌓아야 바닥이 열을 받으면서 수축이나 침하하는 현상을 줄일 수 있다. 규격재 구들장을 놓을 때 고임돌(굄돌) 쌓기를 먼저 한 후 부토를 채우는 경우는 바닥의 수축이나 침하 걱정을 할 필요가 없으며, 고래 높이만 맞게 채우면 된다.

고임돌(굄돌)을 놓고 나면 빠져나오거나 바닥에 떨어진 몰타르를 깨끗하게 정리 · 제거한다(그을음 부착 방지 역할). 고임돌을 낮게 놓으면 불이 안 들어간다. 최소 높이는 벽돌 3단 200mm 이상이 좋다.

시근담 쌓기

고래 바닥의 경사는 종구배와 횡구배로 장치하는 것이 좋으며, 외곽 쪽은 열에 취약한 곳이기 때문에 고래 높이를 낮게 하는 것이 좋은데, 가정용일 때는 200mm 전

▲ 긴 함실 열 분배
▲▲ 열 분배와 고래턱 구조
▲▲▲ 줄고래 열기 공유 통로

후로 조절하는 것이 좋다. 고래 높이가 높으면 공간에 열량을 채우기 위해 연료 손실이 많으며, 공간이 높으면 열을 오래 가지고 있을 것 같지만 공간이 넓은 만큼 열 손실도 많아진다. 열을 오래 체류하게 하는 방법은 바닥의 습 차단, 외벽 단열, 굴뚝 댐퍼 장치, 아궁이 2중문 장치 등을 하는 것이다. 바람이 유입되면 빨리 식기 때문에 바람의 유입을 막는 일도 중요하다.

방 크기에 따라 조금씩 차이는 있지만 기본 높이는 윗목과 고래개자리 뒤(시근담)의 턱은 방바닥 마감선에서 80~100mm만 남기고 쌓는다. 아랫목은 좌우 날개 벽 코너를 방 넓이에 따라 100~150mm 남긴 선과 고래개자리 뒤 시근담 선에 먹줄을 친 후 먹선에 맞춰 측면 시근담을 쌓는다.

아궁이벽 쪽은 이맛돌 위에 불목돌이 올라가야 하므로 불목돌 상부 면이 바닥 마감선에서 200mm 아래에 놓여 있는 것이 좋다. 상부 구들장을 2중으로 놓기 위해 불목돌 위 중심선에서 10mm 올라온 지점에 날개벽 지정된 선과 먹을 친 후 시근담 쌓기를 한다.

방을 골고루 따뜻하게 하려면 각 구조마다 기능을 생각하고 분배를 잘 해야 하는데,

가장자리 쪽은 구들장을 높게 놓고 아랫목과 가운데 열을 많이 받는 곳은 낮게 놓아 적은 열량으로 최대의 효과를 볼 수 있도록 한다. 아궁이와 함실에서 발생된 열을 어떻게 분배하느냐에 따라 열 배당을 너무 많이 받은 곳은 검게 타는가 하면, 열 배당을 받지 못한 곳은 위로 얼음이 얼거나 아래로 눈물을 흘리는 온돌방이 될 수도 있다.

열을 분배할 때 멀리 보낼 첫 칸을 크게 하고 갈수록 작게 조절하여 골고루 열을 분배해야 한다. 열을 유도하는 방법도 중요한데, 각 고래 방법에는 장단점이 있기 때문에 방 구조와 형태에 따라 시공 방법을 잘 선택해야 한다. 벽 쪽으로 가는 첫째 고래는 직선으로 가는 고래보다 배 정도 크게 하는 것이 좋다.

구들(온돌)방을 만들어 사용함에 누구나의 바람은 적은 연료로 빨리, 골고루, 그리고 오래 따뜻했으면 하는 것이다. 기술자라면 내 마음대로 시간을 조절할 줄 알아야 한다. 양쪽 첫째 고래 외벽 쪽은 줄고래로 설치하여 방 폭(길이)의 2/3 지점까지 유도하고 다음은 흩은 고래로 유도하면, 힘을 잃은 열기가 연기와 함께 나갈 길을 찾아 안으로 들어오면서 연기는 나가고 열은 다른 열과 만나 힘을 얻어서 내부 열이 팽창하므로 취약한 구석까지 따뜻하게 된다. 방 양 측면이 넓을 경우 줄고래를 2칸이나 3칸으로 만들 수 있으나, 폭이 넓으면 부채고래로 가고, 방 길이가 길면 2/3 지점까지 줄고래로 유도하는 것이 열효율이 좋다.

고래턱 만들기

다음은 고래에서 고래개자리로 넘어가는 조절 방법인데 굴뚝이 멀수록 연기 나가는 통로를 넓혀주고 굴뚝이 가까울수록 줄여주는 것이 열을 방 안에 오래 머물게 하는 방법이다. 고래개자리로 넘어가는 고래턱은 연도 면적의 2~3배 정도가 적당

▲ 고래개자리와 고래턱

하다. 한마디로 아무리 넓혀봐야 열만 빠져나가지 연도 넓이 이상은 아무것도 나갈 수 없다.

고래와 고래뚝 설치가 완료되면 고래 바닥에 자갈층을 50mm 이상 깔고 흙을 덮어주면 열을 보관하는 데 효과적이다. 자갈은 열을 오래 유지하는 최고의 자연 광물이다. 그러나 자갈을 깔더라도 고래 높이는 유지되어야 하고, 바닥은 마사나 황토로 요철 없이 평탄하게 고른다. 요철은 그을음을 붙들어 고래를 막히게 할 수 있다.

고임돌의 높이는 200mm 전후가 가정용으로 적당하며, 고임돌(고래뚝) 넓이는 200mm 정도로 하고, 고임돌이 흔들리지 않도록 황토 몰타르를 깔아 고정하면 된다. 고임돌 재료로는 불이 많이 받는 아랫목 쪽은 내화벽돌, 윗목에 불기운이 약한 곳은 적벽돌로 작업을 하는 것이 좋다. 고임돌 높이를 200mm로 할 때, 평당 흩은고래는 40장, 줄고래는 90장 정도가 소요된다.

⑦ 굴뚝개자리와 굴뚝 만들기

굴뚝은 아궁이에서 발생한 연기를 모아 밖으로 내보내는 장치로 구들 난방의 상징물이라고 할 수 있다. 또한 온돌(구들)의 마지막 열 저장고이면서 역풍을 막아주는 방패이기도 하다. 방바닥선보다 낮은 곳은 굴뚝개자리라 하여 연도를 통해 연기에

▲ 실내 굴뚝개자리

딸려온 분진과 습을 가라앉히며, 미처 나가지 못한 연기와 폐열이 체류하면서 연기와 수증기로 인해 발생된 목초액이 고이는 곳이다. 또한 외부에서 들어오는 역풍을 막아주는 역할을 하기도 한다. 개자리 부분을 미장하지 않으면 작은 바람에도 영향을 받아 아궁이로 연기가 들이치게 된다. 굴뚝갓은 습을 막아주며 바람을 조절한다.

일반적으로 연기의 흐름을 원활히 하거나 역풍을 방지하기 위해 굴뚝개자리를 두게 되는데, 대부분 건물 밖 굴뚝대 아래 설치하게 된다. 그런데 굴뚝대를 세울 수는 있으나 굴뚝개자리를 팔 수 없는 경우, 바위나 기타 장애물이 있는 경우에는 내부에 개자리를 두고 연도를 통해 굴뚝대로 바로 연결할 수 있다. 위치는 고래개자리 끝부분이나, 되돈고래일 때 내굴길 끝에 굴뚝대 크기 4배 이상의 개자리를 만들고 방바닥 선보다 낮게 덮어 마감하면 된다.

굴뚝개자리가 열 저장고로서 역할을 하려면 그 넓이가 최소 굴뚝 지름의 4배 이상 되어야 하고 깊이는 깊을수록 좋다. 보통 고래개자리나 아궁이 바닥보다 300mm 이상 깊어야 좋으며, 단열과 방수를 잘 해야 한다. 단열이 잘 되게 하려면 벽체가 두꺼워야 하고 바람이 새지 않아야 하며, 외부에서 들어오는 습을 막아야 할 뿐 아니라 방수에 신경을 써야 한다. 이런 조치를 하려면 굴뚝개자리를 팔 때 공간을 여유 있게 파고, 조적할 때 내·외부에 방수미장을 하고 외부는 주변 흙을 잘 다져 메우면 된다. 굴뚝개자리는 하수구 맨홀이나 고무통, THP관, 블록, 벽돌 등 주변에서 구할 수 있는 자재를 활용해 만들면 된다. 단, 깨질 수 있는 소재는 피하는 것이 좋다.

굴뚝 내부는 벽체 4면을 모두 방수처리를 하되 바닥은 방수처리를 하지 않는 게 좋다. 굴뚝개자리는 열을 저장하면서 외부에서 들어오는 역풍을 막아준다. 그런데 연료에 포함된 습이나 내부 습이 밀려나오면서 연기와 만나면 목초액이 되는데, 이 목초액이 굴뚝 벽에 부딪치면 밖으로 다 나가지 못하고 떨어지게 된다. 이때 굴뚝개자리 바닥에 고이게 되는데 방수처리를 하면 목초액이 차 개자리 기능을 상실하게 되기 때문에 방수를 하지 말라는 것이다. 시간이 가면 자연적으로 그을음과 목초액에 의해 방수가 된다. 굴뚝개자리를 고래개자리보다 깊게 파는 이유는 물과 목초액이 고이더라도 방 안쪽으로

▲ 목초액

들어오지 못하게 하기 위해서다.

만약 굴뚝 자리가 물이 나는 습한 곳이라면 항아리나 고무통을 묻어 두어도 된다. 이럴 때는 굴뚝 하부 지면보다 조금 높은 곳에 청소구를 작은 바가지가 들어갈 수 있는 크기로 열고 쉽게 해체하고 막을 수 있도록 장치한다. 단, 바람이 새지 않게 막는다. 굴뚝의 청소구는 청소할 때뿐만 아니라 저기압일 때나 어쩌다 불을 땔 때도 그 기능을 하는데, 내부 습기가 많아 굴뚝으로 연기가 못 올라갈 때 청소구를 열면 연기가 빨리 빠져 나온다. 또한 습이 많은 지역이나 높은 굴뚝도 처음엔 길을 못 찾으므로 이때도 같은 방법으로 열면 효과적이다. 아궁이에 불이 붙어 열기가 팽창하면 그때부터는 굴뚝으로 연기가 잘 빠져 나가게 된다.

굴뚝과 연통의 차이

굴뚝은 개자리에서 끝까지 조적으로 쌓아올리는 방법을 말하며, 연통은 개자리에서 통관을 세우는 것을 말한다. 함경도 사투리로 굴뚝을 구새라 한다. 속이 썩어서 빈 통나무를 뜻하는 구새를 세워 연기를 배출한 것에서 유래한 것이다.

굴뚝개자리에서 연통 세우기를 하기 위해서는 공간을 좁혀야 하는데, 보통 바닥에서 1m 높이나 방바닥 높이에서 굴뚝이 세워질 수 있도록 하면 된다. 개자리 폭을 줄이는 방법에는 조적 시 줄이면서 올라가는 방법과 철근을 이용하거나 콘크리트나 돌판으로 좁히는 방법이 있다.

연통으로 쓰이는 자재로는 PVC 재질의 PE관, 파형관, 스텐관, 아연판 등이 있으며, 굴뚝을 쌓는 자재로는 와편(기와), 옹기, 자연석, 치장석, 벽돌 등 종류가 다양하다. 연통의 관경은 방 크기에 따라 최소 150~300mm 이내로 하는

20/02/2014

▲ 댐퍼 설치된 모습

1	2
3	4
5	

1. 옹기굴뚝 2. 와편굴뚝
3. 연통과 갓 4. 파형관 연통
5. PE관

것이 좋다. 연통이 넓으면 바람이 역류할 수 있고, 발생하는 연기의 양에 비해 나가는 공간이 크면 압력이 약해 연기가 힘없이 흐느적거리며 올라가고 열 손실도 많이 날 수 있다. 5평 이하는 150mm, 20평 이하는 200mm, 30평 이하는 250mm, 50평 이상은 300mm 이내로 한다. 만약 조적조로 쌓더라도 연기가 나가는 구멍인 토출구는 300mm 이내로 하는 것이 좋다. 대개 마지막 토출구는, 30㎡이 넘는 방이 아니라면, 아궁이의 절반 크기가 적당하다. 열효율을 좋게 하고 열을 오래가게 하려면 굴뚝에 댐퍼을 달아준다.

6	7
8	9

6. 낮은 굴뚝도 불이 잘 든다.　7. 낮은 굴뚝
8. 높게 세운 굴뚝　9. 높은 굴뚝 역류 현상

굴뚝에는 낮은 굴뚝과 높은 굴뚝이 있다. 높은 굴뚝은 지붕 처마선보다 1m 정도 올라가는 것이 좋다. 옛날에는 가래굴뚝이라 하여 고래개자리에서 바로 밖으로 나오게 하여 집 주변의 벌레를 퇴치하는 방법으로 쓰기도 하였는데, 너무 낮으면 온 집이 연기로 인해 검게 그을리게 된다.

굴뚝은 높을수록 불기운을 당기는 힘이 좋으나 너무 빨아 당기면 열 손실이 많이 날 수 있고 관리하기가 힘들다. 특별한 이유가 없다면 굴뚝 높이를 적정하게 조절하는데, 불을 지핀 후 빨아 당기는 힘이 모자랄 때 굴뚝 높이를 조절할 수 있도록 연도를 밖으로 300mm 이상 빼는 것이 좋다. 굴뚝을 낮게 했더라도 고래개자리와 굴뚝개자리를 적당히 깊게 파 제대로 만들었다면 낮은 굴뚝에서도 불이 잘 든다.

굴뚝은 그 집의 상징물이기도 하기 때문에, 건물 구조에 맞춰 꾸미다 보면 비용이 만만치 않게 들어가기도 한다. 굴뚝을 세우는 비용은 소재와 기능에 따라 천차만별이다. 굴뚝 끝에는 비를 막기 위한 장치를 하는데, 원형 파이프 관일 경우 갓을 덮는다. 덮는 방법도 재질에 따라 다양하다.

굴뚝을 만들고 불을 피울 때

불 때기 좋은 시간은 오후 햇볕이 난 후부터 해질 무렵 기온이 떨어지기 전이다. 기온이 낮거나 저기압일 때는 연기가 낮게 깔린다. 굴뚝의 연기 흐름을 보고 불이 잘 드는지 안 드는지 판단할 수 있는데, 연기가 빨리 올라가는 것은 불이 잘 든다는 것이며, 이런 아궁이는 연료의 소비가 많다. 불길을 조절하는 방법에는 아궁이 불문으로 조절하는 방법과 연도에 점검구를 두어 막고 여는 방법으로 조

절하는 방법, 연소 후 열이 탄력을 받을 때 불문과 댐퍼로 공기의 유입을 조절하는 방법이 있다. 굴뚝의 연기는 적당한 속도로 올라오는 것이 좋다.

▲ 자연석 굴뚝

▲ 가래굴뚝

⑧ 구들장 놓기와 초벌 황토미장

구들장 놓기

구들상 종류에는 여러 가지가 있지만 요즈음은 주로 화강암, 점판암, 운모석, 현무암 등이 많이 사용된다. 휨 강도는 30~60kg/㎠, 비중은 0.78~1.37, 흡수율은 1.2 정도가 좋다. 돌마다 특성이 있기 때문에 꼼꼼히 따져 견고한 돌을 선택하는 것이 지혜다.

구들장은 자연 상태에서 결이 만들어진 것이 열에 강하며, 가공한 활석(큰 돌을 필요한 규격으로 자른 것)은 강도가 약하다. 구들장으로는 운모석이 가장 좋으나 가격이 비싸며 구하기도 쉽지 않다. 운모석은 돌이 유연하여 잘 터지지 않을 뿐 아니라 우리 몸에 유익한 성분이 많이 함유되어 있어 열을 받으면 거기서 나오는 원적외선으로 인해 몸이 치유되는 효과를 볼 수 있다고 한다.

좋은 구들돌을 가리는 기준으로 첫째는 열에 강하고 잘 안 깨져야 한다. 그런데 그런 돌을 구하기가 쉽지 않다. 구들장은 자연적으로 결이 만들어진 것이 독립된 힘을 가지고 있기에 좋지만, 요즘 자연석 구하기가 쉽지 않은 실정이다. 국내에서는 청석(점판암)이 조금씩 생산되고 있으며, 화강암이나 현무암, 청석 등이 수입되고 있다.

구들돌에 대한 열 실험을 한 결과, 너무 강하면 터지기 쉽고 약한 돌은 열에 견디는 편이나 오래가지 못한다. 청석 중에 수입 청석은 너무 강하여 구들돌로는 적합하지 않고, 국내 광산에서 나오는 청석 일부 제품과 현무암(화산석)은 강한(산소) 열을 가했을 때 녹아내리면서 결이 일어나는 현상이 발생하지만 터지지 않아 그나마 쓸 만하다. 화강암은 자연적으로 만들어진 판석이 아니면 열에 약하다. 판석 중 수입 현무암이 열에 강하여 구들돌로는 적합하다고 판단된다. 수명이나 작업성을 고려한다면, 현무암이 손쉽게 구할 수 있고 가격도 저렴하다.

간혹 옛날에 사용하던 구들돌을 다시 사용하는 것을 볼 수 있는데, 옛날 구들돌을 사용하려면 관리를 잘 해야 한다. 비나 햇빛을 피하여 잘 보관해야 하는데, 방바닥 속에서 열을 받고 있던 돌이 비와 햇빛을 받은 다음 다시 열을 받으면 산화되어 빨리 깨질 수 있기 때문이다.

암석 내화도 : 화강암 600℃, 안산암 1000℃, 점판암 1000℃, 대리석 700℃

▲ 편마암(오석구들)

▲ 현무암 구들돌

구들장을 놓을 때는 두껍고 큰 돌로 아랫목(불목)부터 놓는다. 그 다음 고래개자리 위를 덮고 아랫목에서 윗목을 보고 마감해 올라간다. 그리고 고임돌 위에 된 반죽으로 배합해놓은 황토를 올려놓고 구들장을 올려야 구들장 수평 높낮이가 조절되면서 안정적으로 정착된다.

▲ 불목돌 설치

▲ 불목 이중구들

구들장을 덮고 나면 구들장 중심부에 올라가 뛰면서 안정되게 정착되도록 한다. 움직이는 곳이 있다면 돌이 흔들리시 않게 쇄석으로 고여 준다. 고임돌은 구들장과 구들장이 만나는 곳에 반반 물리도록 고여 주는 게 제일 좋다. 구들장을 놓고 나면 고임돌 위에 올린 흙이 고래 사이로 떨어질 수 있는데 고임돌과 바닥에 떨어진 흙은 잘 긁어내야 고래가 막히지 않는다.

▲ 자연석 구들 놓기

▲ 새침하기

앞에서 고임돌(고래뚝)을 만들어 놓았기 때문에 고래 크기에 맞게 구들장을 덮고 구들장과 구들장 사이 뜬 곳을 새침해야 한다. 이때 황토와 모래를 1:1 비율로 섞어 새침하면 연기 새는 곳을 1차로 막을 수 있다. 새침할 때 황토 반죽은 질게 배합하는 것보다 수제비 반죽하듯 되직하게 배합하여 내리치듯 때우면 수축현상이 적게 생기기에 2차 손질을 피할 수 있다. 그렇지 않으면 수축으로 인해 2차 손질을 해야 하는 번거로움이 발생한다.

부토 채우기

구들을 놓고 구들 위 수평을 잡기 위한 작업을 부토 채우기라 한다. 새침이 끝나고 나면 깊은 곳부터 자갈층을 깔아 주는데, 마감선 50mm 정도만 남겨 놓고 최대한 많이 깔수록 좋다. 채우는 방법은 순수한 흙으로 채우는 방법과 기능성 자재로 채우는 방법이 있다. 기능성 돌로 맥반석, 운모, 게르마늄 등 다양하게 있는데, 내 몸에 맞는 돌을 선택해 깔아주면 효과가 좋다. 자갈은 축열 기능이 있어 공기층을 만들어 열을 오래 머금고 천천히 내뿜는 역할을 하기에 열을 오래 유지하는 방법으로 최상이다. 만약 석분(돌가루)이나 자갈만 채우면 바닥이 열을 받아 부풀어 오르면서 부토층과 미장층이 따로 놀아 바닥이 파손되는 하자의 원인이 된다. 그후 나머지 공간에 자연 상태의 마른 황토로

▲ 기능성 주먹돌 깔기

▲ 기능성 일라이트 깔기

▲ 부토 채우기

평탄하게 고름질을 한다. 바닥 마감을 평탄하게 하기 위해 수평선을 잡아 사면에 먹줄을 친 후 부토를 깔고 다짐을 잘 한 다음 천장에서 바닥 먹선까지 닫는 긴 잣대를 준비하여 방 중간 중간 높이를 확인한 후 평탄하게 고르고 각목이나 발로 자근자근 밟아 다진다.

초벌 황토미장 하기

바닥 마감을 정교하게 하기 위해 천장이나 하인방에서 수평선을 잡아 사면에 먹줄을 친다. 바닥을 평탄하게 고름질 한 후 잘 밟아 다지고 볏짚이나 규사가 배합된 황토로 30mm 정도 초벌을 바른다. 고름질 할 때 마른 흙을 다지는 것은 초벌로 바른 황토의 물기를 빨아

▲ 초벌 황토미장

먹어 빠른 건조를 돕기 위함이며, 만약 질게 비벼 바르게 되면 수분이 증발하는 만큼 수축이

발생하면서 균열이 많이 가게 된다. 황토 배합 시 수분 함량은 벽을 미장할 때와 같은 정도면 적당하다. 초벌 바르기가 끝나면 불을 지펴 방을 말리는데, 첫 불은 아궁이 하나 정도로 하되 약하게 지피고, 그 다음은 돌이 열을 머금을 정도로 연료를 조금씩 늘려나가는 것이 좋다.

⑨ 방 말리기

불을 때면서 방이 구덕구덕 말라갈 쯤에 왕소금을 4평 기준으로 1되 정도 골고루 뿌리고 바닥이 평평한 신발을 신고 말라가는 곳부터 자근자근 밟아주면 소금이 습

을 만나면서 염수를 품어내어 황토를 적셔주게 된다. 염수가 빠지면서 건조를 지연시키는 역할을 하기 때문에 빨리 마르지 않아 밟는 데 도움을 주며, 건조 후 강도 또한 강해진다. 바닥을 잘 밟아줌으로써 건조로 인한 수축 현상을 줄일 수 있다. 가장 수축이 많이 일어나는 곳은 벽과 만나는 곳이기에 돌아가면서 잘 밟아줘야 한다. 마감 재벌 작업은 다른 공정이 끝나고 70~80% 이상 건조된 후에 하는 것이 좋다.

▲ 가장자리 밟기

▲ 방 말리기

공정을 쉽게 하는 방법으로, 마른 흙과 규사를 혼합하여 수평으로 깔아 충분히 다짐을 한 후 물 뿌림으로 마감하고, 2차 다짐으로 물을 뿌린 흙 위에 기능성 규사를 깔아 밟아주면 흙이 발에 붙지 않으면서 균열이 생기는 것을 줄일 수 있다. 또한 기능성 규사를 깔았기 때문에 건강에 유익한 황토방이 될 수 있다.

⑩ 연기 새는 곳 잡는 방법

전통 방법으로 연기 잡는 방법

초벌 황토마감 후 첫 불로 건조를 할 때 갈라진 틈으로 연기가 나오게 된다. 이때 고무망치로 균열이 간 곳을 두드리면 다져지면서 연기가 잡힌다. 연기 새는 곳을 잡

는 수고를 줄이려면 구들을 놓고 나서 거미줄을 칠 때 황토와 생석회, 모래를 1:0, 5:2
의 비율로 되게 혼합하여 구석과 취약하다고 생각되는 곳을 메워준 후 초벌 바르기
를 하면 1차적으로 70~80%의 연기를 잡을 수 있다.

▲ 건조 후 균열 상태

▲ 토르마린으로 균열 잡기

2차로 연기를 잡을 때는 고무망치나 중해머로 다짐을 하고 물과 풀물을 바탕에 칠
한 뒤 배합된 황토로 바닥 두께만큼 메우고 ㄱ 사이에 균열이 가지 않도록 마른 황
토가루를 뿌려서 빠른 건조를 시키면 대부분의 연기는 잡을 수 있으며, 1~2% 정도의
미세한 연기는 바닥이 완전 건조된 후 황토풀물로 새 칠을 해주면 모두 잡힌다.

황토는 계속 다지면 수축이 일어나지 않지만, 수축이 일어나는 데는 몇 가지 원인
이 있다. 수분이 많을 때, 빠르게 건조될 때(바탕에서 급하게 빨아 당길 때), 열이나
햇빛을 급하게 받을 때, 바람이 많이 부딪힐 때 등이다.

연기는 물이나 바람과 같아서 공간만 있으면 앞에 밀려나게 된다. 이때 보이는 곳
은 잡기가 쉽지만 기둥 옆이나 문틀 밑에서 새어나오는 연기는 잡기 힘들다. 문틀 밑
은 손가락이 들어갈 수 있도록 밑으로 홈을 파고 풀물을 칠하면서 황토를 조금 질게
눌러 바른 다음 마른 황토를 바른다. 이렇게 바르고 말리기를 반복하면 문틀 밑은
잡힌다. 기둥 옆이나 하인방이 만나는 곳도 같은 방법으로 처리하면 연기가 잡힌다.

벽 쪽은 벽과 구들장 사이를 30mm 전후로 띄우고 강도가 있는 흙이나 마른 흙과 모래를 1:1로 섞어 잘 다져야 연기 잡기가 쉽다. 구들돌을 벽에 붙이면 몰타르의 수축으로 생기는 틈을 막을 수 없다. 벽과 만나는 곳 외에는 붙여놓는 것이 정상이며, 거미줄 치기(새침)를 한 후 솔로 골고루 쓸어 준다.

⑪ 방바닥 황토미장 하기

구들장을 덮고 쇄석을 끼우면서 거미줄을 치고 틈새를 새침할 때 외벽과 만나는 가장자리 부분은 강도와 경화성이 있는 황토(생석회+황토+모래)로 수축이 가지 않도록 사춤을 한다. 아랫목 깊은 쪽은 자갈층으로 최대한 사춤을 한 후 마감 미장을 할 20mm 정도를 남겨놓고 부토를 덮고 황토와 기능성 규사를 혼합해 수평으로 고르며 초벌 미장을 한다. 초벌 미장이 끝나고 바닥이 70~80% 건조된 후 마감 미장을 하는데, 시대의 흐름에 따라 여러 가지 방법이 시공되고 있다. 마감 미장 방식은 자연황토 마감, 제조황토 마감, 혼합식 마감 등 다양하다. 미장에서 제일 중요한 3대 요소는 배합, 습윤, 부착이다.

▲ 재벌 황토미장

▲ 정벌 황토미장

방법 1 : 자연황토, 규사, 풀물, 여물의 비율을 1:1:0.1:0.5로 배합하여 되게 비벼 미장한다.

방법 2 : 균열을 줄이는 방법으로, 황토와 규사 1:1에 약간의 풀물을 배합하고(여물은 쓰지 않음) 마지막에 화이바글라스 망을 치는 방법으로 시공하면 균열이 생기지 않는다.

바닥 미장은 수분이 빠지고 3~4시간 후 한 번 더 칼질을 하면 칼자국과 2차 균열까지도 잡을 수 있다. 황토 배합물은 최소 24시간 이상 숙성시킨 후 사용하는 것이 좋다.

첫째 시공 방법으로, 먼저 바닥에 물을 뿌리고 균열이 간 곳은 마른 황토를 뿌려 빗자루나 장갑을 낀 손으로 메운 후 풀물을 다시 바른다. 그 다음 배합한 황토에 물을 약간 부어 팥죽처럼 질게 해서 최대한 얇게 문지르면서 발라주고 마감선에 맞추어 미장을 하게 되면 접착이 잘 된다.

둘째 시공 방법으로, 20mm 마감선을 남겨두고 부토층을 거친 입자의 규사로 평평하게 고른 후 단단하게 다짐을 하고, 바닥이 젖도록 물을 충분히 뿌린 후 잣대나 각목을 이용해 다지면서 고름질을 한다.

미장 칼질을 하기 좋을 정도로 배합된 몰타르를 외각부터 수평으로 한 바퀴 돌면서 잣대를 가지고 면 고르기를 하고, 나무칼이나 플라스틱칼로 재차 고름질을 한 후 화이바글라스 망을 바닥 가장자리에 맞춰 깔아준다. 깔면서 미장칼로 눌러 바닥에 밀착시키면서 전체 마감을 한다.

화이바글라스는 타지도 썩지도 않는 유리섬유로, 바닥 미장 시 설치하면 순황토의 균열을 방지하고 바닥이 마르면서 강도도 증가한다. 망을 누를 때는 바닥에 약간 매입되도록 눌러주는 게 중요하며, 균열을 완화시키려면 미장을 하고 2~3시간 후 바닥 고름질을 하여 균열을 보완하고 다시 미장 칼질을 함으로써 바닥이 깔끔한 상태가 된다.

⑫ 아궁이(부뚜막) 만들기와 불문 달기

아궁이(부뚜막) 만들기

옛날부터 선조들은 부엌(아궁이)을 만들 때 그 위치와 크기를 미리 생각하여 생활하면서 불편하지 않도록 여러 가지 규격과 방향을 정했으리라 본다. 아궁이를 만드는 데는 군불만 때는 함실 방법과 솥을 거는 부뚜막 방법이 있다. 군불용은 벽면에서 200mm 이상 이맛돌을 돌출시키는데, 이맛돌보다 100mm 이상 내려간 곳을 불문 상부로 보면 된다.

부뚜막은 솥 크기를 정한 다음 솥 지름보다 최소 250mm 이상 넓게 해야 한다. 솥을 걸 자리는 솥 몸통보다 50mm 여유 있게 벽을 쌓으면 된다. 이맛돌 위쪽과 불문 위쪽은 철근 토막으로 보광을 잡아 몰타르로 잘 고정시킨다.

보통 불문(화구) 1개, 직경 13mm 이상·길이 500~600mm 철근 토막 6개, 내화벽돌(함실 쪽만 100장 이내)을 준비한다(솥 자리를 잡을 때는 무거운 솥을 직접 움직이지 말고 뚜껑으로 솥 자리를 표시한 다음 뚜껑보다 30~50mm 정도 넓게 비워두면 된다).

서유구의 저서《임원경제지》에 나오는 부뚜막 만드는 법을 보면 "길이는 일곱 자, 아홉 자로 하니 위로는 북두칠성을 본뜨고 아래로는 9주에 대응함이요, 높이는 석 자이니 삼재를 본뜬 것이요, 넓이는 넉 자이니 사시를 본뜬 것이다. 아궁이의 폭은 한 자 두 치이니 12시를 본뜬 것이요, 두 개의 솥을 얹어놓는 것은 해와 달을 본뜬 것이요, 부엌 고래의 크기가 여덟 치인 것은 팔풍(팔방의 바람. 곧 염풍, 조풍, 해풍, 거풍, 요풍, 여풍, 한풍)을 본뜬 것이다."라고 하였다.

부엌에 대한 최초의 기록은 서기 3세기경 서진의 진수가 편찬한《삼국지》의 <위지·동이전·변진전>에 나타나는데, "부엌은 대부분 집의 서쪽에 설치한다."고 나온다. 이것을 보면 "아궁이 자리는 바람이 시작되는 곳에 두라."는 말과 같기도 하다. 민속

놀이 줄다리기에서 동쪽은 남성을 서쪽은 여성을 상징하는데, 방위에도 남성과 여성의 영역이 있었다고 볼 수 있다.

옛 선조들은 서북풍을 막아주고 햇살을 많이 받아들이는 남향집을 선호했다. 남향집일 경우 부엌을 서쪽에 두는데, 이렇게 하면 밥을 풀 때 주걱이 집 안으로 향하게 되어 있다. 즉 주걱이 집 안쪽으로 향하면 복을 불러들이고 그 반대가 되면 복을 쫓아내는 것으로 여겼다. 남향집일 때 부엌의 위치는 서남쪽이 된다. 조선시대 실학자 류중림의 《증보산림경제》에도 이런 내용이 잘 나타나 있다.

※한 방 두 아궁이인 경우 동시에 불을 때면 서로 세를 하여 반대편 아궁이로 연기가 나올 수 있다.

▲ 부뚜막 만들기

▲ 부뚜막 솥 걸기

아궁이 불문 달기

아궁이에 불문을 다는 이유는 함실(아궁이) 안의 연료를 충분히 연소시키고 내부 열기를 함실 안에 오래 유지하기 위해서다. 만약 불문이 없다면 외부 바람의 유입으로 열기가 오래가지 못하고 방이 빨리 식는다.

불문에는 주물제인 기성품과 철제 주문형 제품이 있다. 보통 5mm 이상의 철판으로 만들어져 단단하지만 가격 차이가 있다. 문 크기는 마음대로 정할 수 있으며, 가정용 주문형은 가로 450mm 이내 세로 400mm 이내로 하고, 공기 조절구가 있도록 한다. 철판이 열에 의해 휘어질 수 있기 때문에 문짝 대각 방향으로 앵글을 X자로 보강하고, 열을 덜 받게 하기 위해 내화 몰타르를 공간에 채워주는 것이 좋다. 또한 조적할 때 벽에 고정할 수 있도록 요철을 두어야 되며, 접착성이 좋은 몰타르를 꼼꼼히 바른 후 벽돌을 붙여 쌓는다.

기성품은 15호(320×250mm), 20호(280x380mm)로 규격이 정해져 있다. 또한 주문형 불문은 벽체와 결합하는 요철이 있어 잘 고정되어 쉽게 빠지지 않지만, 기성품은 벽 쪽으로 붙는 날개가 작고 요철이 없어 아무런 장치 없이 끼워 놓으면 열로 인해 팽창과 수축을 반복하면서 불문이 빠져 나오게 된다.

불문을 구입하면 불문 안쪽에서 벽 방향으로 드릴로 구멍을 뚫어 50mm 철판 피스못을 한쪽에 2개 이상 양 옆과 위 세 곳에 박아놓고 부뚜막 조적 시 단단한 몰타르로 잘 고정해야 한다. 철판문은 주문형으로 만들 수 있기 때문에 크기와 넓이, 요철 등을 얼마든지 조절할 수 있으며, 불문에도 공기구를 둘 수 있어서 편리하다. 문짝에는 보온을 위해 보호 몰타르를 발라주는 것이 좋다.

▲ 주물 기성문 피스 작업

▲ 주문형 철제 불문

1. 이맛돌 수평잡기

2. 불문 기초

3. 불문 수직 보기

4. 불문 수평 보기

5. 불문 고정

6. 불문 마감

⑬ 연료와 불 피우기

연료

우리가 사용하는 나무나 우드칩은 자체에 함유된 수분으로 인해 열량이 2000~2500kcal/kg으로 매우 낮은 편이다. 그런데 선진 유럽국가의 경우를 보면 나무보다 배 정도 많은 열량(4500kcal/kg)을 내는 팰릿이란 연료를 사용한다. 팰릿은 목재

▲ 우드 팰릿

폐기물을 파쇄한 후 건조·압축해서 담배필터처럼 만든 것으로, 부피는 나무의 1/3, 연소 후 남는 재는 1% 정도에 불과하다. 유럽에는 전체 사용 에너지의 20% 이상을 팰릿으로 생산하는 나라도 있다고 한다.

우리는 현실에 맞고 주변에서 손쉽게 구할 수 있는 연료를 선택하는 것이 현명하리라고 본다. 땔감 연료는 가능한 한 마른 나무를 사용해야 된다. 연기가 많이 나는 것은 나무가 젖어 있거나 내부에 습이 많아 생기는 현상이며, 마른 나무를 때거나 내부에 습이 없다면 연기는 많이 나오지 않는다.

아궁이는 '궁'이라 위험의 상징으로 태울 수 있는 것은 몽땅 태워버린다. 신선한 궁을 아무것이나 태우는 소각장으로 착각하지 말고 연료를 잘 분리해서 태워야 온돌의 따뜻함과 기능성 효과를 동시에 느낄 수 있다. 또한 나무가 연소되면서 일산화탄소를 내뿜게 되는데, 나무에 따라 독성은 다양하며 젖은 나무일수록 더욱 독성이 심하다. 늙은 밤나무는 거품을 내면서 신경성 가스를 내품기 때문에 위험하며, 비닐이나 합판, 인테리어용으로 쓴 본드 묻은 나무 등을 연료로 쓰게 되면 포름알데히드 유기성 화합물이 타면서 머리 통증을 호소하게 된다.

일반적으로 보면 아궁이를 만들어 사용하면서 소각장으로 착각해 마당이나 집안에서 발생하는 쓰레기를 태우는 모습을 볼 수 있는데, 독성을 생산하는 원인이 되기 때문에 쓰레기는 태우지 않아야 한다. 합판은 생산 시 방부·방충의 목적으로 약물

을 뿌리기 때문에 특히 삼가야 된다. 인테리어를 새로 한 집이나 가게에 들어갔을 때 눈이 따가운 것은 바로 방충·방부제의 영향으로 보면 된다. 또한 합판을 만들 때 접착용으로 쓰이는 접착제(수지)는 불에 타면서 냄새와 독성을 내뿜을 뿐 아니라 기름 성분의 매연이 구들장 밑에 붙으면서 고래를 막는 요인이 된다.

좋은 연료를 땐 곳과 폐기물을 땐 곳은 구들을 철거해보면 알 수 있는데, 좋은 연료를 땐 곳은 고래가 깨끗하지만 폐기물을 땐 곳은 고래 속과 구들장 밑에 그을음이 덩어리 덩어리 뭉쳐 있다. 이것이 고래뚝과 구들장 바닥에 쌓여 고래를 막게 되는데, 구들을 시공한 지 얼마 되지 않아 막히는 것은 대개 이런 경우다. 이렇게 나쁜 연료를 땐 것을 생각 못하고 자재 문제로 판단하여 하소연하는 사람들도 있다.

깨끗한 연료를 땠을 때 타고 남은 재는 좋은 거름이 되며, 인분과 섞어두면 냄새를 중화하여 인분 냄새를 느낄 수 없다. 물에 빠져 질식한 닭이나 강아지를 재 속에 묻어두면 수분을 흡수하고 보온력을 유지하여 되살아나기도 한다. 재는 이렇듯 생명력을 가진 물질이다.

첫불 피우기

4평 정도인 방에 실내온도가 15도 정도라고 했을 때, 일반목재(잔가지와 지름 100mm 내외의 나무)를 크기 400×400×1000mm 정도인 아궁이에 2번 정도 때어주면, 구들을 잘 놓은 곳은 30분 후부터 열기가 올라오기 시작해 3시간 정도 온도가 계속 상승한다. 3시간 이후부터는 실내온도가 40~50도 정도까지 오르게 된다. 열의 체류시간은 불을 피우고 3시간 후부터 8시간까지 유지되고, 24시간 후면 실내온도

는 25~30도 정도로 유지된다. 단, 벽체의 단열
성이 좋고 외풍 차단이 잘 되면 그 이상으로 유
지되는데, 이는 바닥 두께와 자재에 따라 다르
다. 또한 이불이나 카펫을 깔아두는 것도 좋
은 보온 방법 중 하나다. 구들방의 연료는 자
체의 온도를 측정할 수 없기 때문에 연료 종류
와 양을 조절함으로써 난방시간과 연료의 양
을 시간 데이터로 파악할 수 있다.

두 번째 불 피우기

4평짜리 일반 황토방을 기준으로 정상적으로 사용했을 때의 열 체류시간은, 24시
간을 데우려면 한 아궁이 가득 연료를 태우면 되고, 3일(72시간)을 데우려면 두 아
궁이 정도의 양이면 된다. 이렇게 하면 첫째 날 밤은 뜨끈뜨끈 찜질을 할 수 있고, 둘
째 날 밤은 따끈한 황토방을 즐기고, 셋째 날 밤은 따뜻하고 오붓한 밤을 즐길 수
있다.

아주 이상적으로 시공된 구들방이라면 적은 열량으로도 따뜻하게 지낼 수 있지만,
잘못 시공된 구들방은 연료(나무)만 소비하고 열은 한참 뒤에야 서서히 나타나기 때
문에 제대로 된 난방을 기대하기 어렵다. 보통 일반 가정주택의 구들 두께는 윗목은
100mm 이내, 아랫목은 300mm 이내가 적당하다.

※ 구들방을 사용하려면 기다릴 줄 아는 여유가 필요하다. 기름보일러처럼 금방 따뜻해지지 않
는다. 사람이 살아가는 데 필요한 적정 온도는 17~28도고, 습도는 46~65% 정도라고 한다.

연기란, 물질이 타면서 만들어내는 기체와 입자의 혼합물이다. 화학용어로는 일산화탄소(CO)다. 보통 굴뚝에서 나는 연기는 수증기 50%에 연기 50%로 구성되어 있다고 보면 된다. 내부에 습기가 많거나 젖은 나무를 때면 연기와 습기가 뭉쳐 방울을 만들게 된다. 방울이 된 연기와 수증기는 고래를 통과하면서 또 다른 습기를 만나게 된다. 점점 방울이 커지면서 무게를 못 이겨 바닥에 떨어지든지 아니면 구들장 밑에 반복적으로 올라붙어 고드름 같은 것을 만들기도 한다. 심하면 연기 종유석이 되어 아래는 석순, 위는 종유석으로 성장하면서 결국은 열기의 진입을 막게 된다.

고래 속에서 연기 종유석이 빨리 성장하는 경우는 앞에서 말한 내부의 습기와 젖은 연료 또는 폐기물, 플라스틱이나 비닐, 본드, 합판 등이 그 원인이 될 수 있다. 힘들여 만든 구들방을 오래 관리·보전하고 쾌적한 공간을 만들려면 다른 사람이 관리하고 지켜주는 것이 아니라 사용하는 자신이 잘 관리해야 하는 것임을 명심해야 할 것이다.

힌편 연기 종유석이 성정하지 못하게 하려면 습기를 밖으로 몰아내야 할 것이다. 그러기 위해서는 습(물)이 내부에 정착하지 못하게 해야 하는데, 제일 좋은 방법으로는 흡출기를 사용해 강제통풍으로 빨리 내보는 것이다.

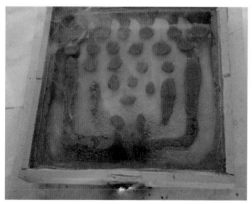

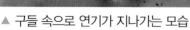
▲ 구들 속으로 연기가 지나가는 모습

흡출기 사용법

흡출기는 굴뚝 위에 설치하여 비와 바람을 막고, 전기를 이용해 강제로 내부에 있는 습기와 연기를 빨아내고, 열기를 흡입하여 먼 곳까지 유도하는 동시에 아궁이에서 날아 들어오는 재를 습기와 함께 밖으로 끌어내어 고래가 막히는 것을 막아주는 역할도 한다. 바람이 역류하거나 저기압일 때는 강제흡입으로 연기와 습기를 밖으로 유도해 방이 따뜻해지도록 하니 이보다 효자가 없을 것이다.

아궁이에 처음 불을 때면 아궁이 속의 습기와 찬 공기로 인해 불이 잘 붙지 않으므로 흡출기를 먼저 돌리고 나서 불을 붙이면 순조롭게 점화되면서 화력이 세어지게 된다. 구들 시공이 정상적으로 잘 이루어졌다면 불이 점화되어 화력이 올라올 때 흡출기를 꺼도 불은 잘 들어간다. 구들방 아궁이에 첫불을 피우기가 어렵고, 정상적으로 아궁이와 고래개자리, 굴뚝개자리를 설치할 수 없는 조건일 때는 흡출기를 사용하는 것이 현명한 지혜가 된다.

보통 흡출기를 사용하면 아궁이 속의 열까지 밖으로 빨아 당긴다고 생각할 수 있으나, 내부의 습기와 냉기를 몰아내고 온기가 전도될 수 있도록 유도하기 때문에 자연 순환식보다 방이 빨리 데워지고 먼 곳까지 골고루 따뜻해진다. 불을 피울 때 아궁이에서 발생한 열은 500~600도가 되지만 흡출기를 사용했을 때 굴뚝까지 나오는 열은 30~50도 정도 밖에 되지 않는다. 내부 습기 상태에 따라 필요한 열은 구들 밑에 모두 내려놓고 남는 폐열만 나오게 되어 있다.

흡출기 설치 시 장점과 단점

〈장점〉

① 아궁이나 굴뚝 위치, 방향을 신경 쓰지 않아도 된다.

② 구들방 높낮이에 구애받지 않는다.

③ 처음 불을 땔 때 습기와 연기를 유도하여 실내에 연기가 나지 않는다.

④ 방 먼 곳까지 따뜻하다.

⑤ 구들 밑에 그을음이 차지 않는다. 그을음은 산소가 부족할 때나 공간이나 연료에 습이 많을 때 불완전연소로 생기며, 화력이 약해지고 이산화탄소 독소를 태우지 못해 매캐한 냄새가 나며, 눈이 따갑고 머리를 아프게 한다.

⑥ 파이프 관은 굴뚝을 덮어 빗물 및 역풍을 차단한다.

〈단점〉

① 전기선을 연결해야 한다.

② 연 1회 그을음을 청소해야 한다.

③ 장시간 틀면 굴뚝으로 열을 빼앗긴다(5~10분 정두 틀기 완전연소가 되면 바로 끈다).

▲ 흡출기를 돌려야 할 방이 낮은 집

09

미장 기술과 시공비 산출 내역

(1) 일반미장과 황토미장

일반미장은 시멘트를, 황토미장은 흙을 주로 쓰는 미장이다. 황토미장은 또 제조 황토 미장과 자연황토 미장으로 나누어진다. 시멘트는 물과 만나면 단단하게 경화하는데, 경화는 배합 후 1시간부터 10시간까지로, 경화 후 양생에 들어간다.

노리는 시멘트나 황토 미장 시에 접합을 돕기 위해 우뭇가사리 끓인 물을 부드러운 시멘트나 황토에 혼합하여 만드는 것으로, 바탕에 얇게 초벌로 바른 후 몰타르로 재벌 바름을 하면 작업성이 좋고 바탕 마감이 깔끔하게 마무리된다. 황토노리는 합판 바탕이나 벽면 부착용으로, 또 방바닥 균열을 메우는 마감용으로 사용한다. 시멘트로 일반미장을 할 때는 시멘트와 모래를 1:3으로 배합하고, 방수가 필요한 곳에는 1:2로 배합해 바른다.

황토 미장하기

황토미장에서 제일 중요한 것은 배합과 습윤, 부착이다. 바닥 마감의 미장 두께는 20mm 이하로 하는 게 수축을 잡기 쉽다. 바닥 두께가 두꺼울 때는 된 비빔으로 초벌하여 고른 후 20mm 이내로 마감하는 게 좋다. 된 비빔으로 나무칼을 이용하여 고르고, 황토노리를 만들어 바르면 균열도 적게 가면서 작업도 쉬워 초보라도 쉽게 할 수 있다.

미장은 바탕에 습이 있을 때가 좋으며, 완전 건조되면 공기층이 생기고 비늘처럼 일어날 수 있다. 균열이 적게 하기 위한 방법으로, 바둑판처럼 한 면을 커팅하면 커팅한 쪽으로 수축이 가면서 다른 쪽은 균열이 완화된다.

▲ 초벌미장

▲ 정벌미장

(2) 황토 자재 산출 내역

제조황토 미장 시공 시 평당 소요량 : 25kg/포

구분	시공 두께	평면일 때	불규칙할 때	중량	사용 방법
1평 (3.3㎡)	5mm	1포	1.5포	25kg 이상	시공 면에 접착제를 바른 후 물만 부어 바로 사용
	10mm	2포	3포	50kg 이상	
	15mm	3포	4포	75kg 이상	

마감용 제조황토 재료별 바르는 면적

구분 \ 재료	기준량(25kg)	내용	평	사용 방법
황토페인트	1통	1회 바름	20평	잘 저어 에어건이나 롤러, 붓으로 마감
퍼티	1통	3mm	1.5 ″	미장칼로 시공
퍼티테라코트	1통	3mm	1.5 ″	미장칼로 시공
본타일	1통	엠보싱 뿌림	7 ″	에어건으로 뿌리거나 흙칼로 미장

황토미장 시공비 산출(2014년 현재)

NO	품명	내용
(1)	황토 1회 바르기 미장품(마감용 황토 기준)	①바닥 = m²당 -0.05人(20mm 미만) 1일 25m² 시공 ②벽 = m²당 -0.06人(15mm 미만) 1일 20m² 시공 ③천정 = m²당 -0.08人(10mm 미만) 1일 15m² 시공
(2)	황토 1회 바르기 시공별 m²당 가격표 노임 : 기술+보조	①바닥 m²당 = 12,000+공과잡비 10%+이윤10% ②벽 m²당 = 15,000+공과잡비 10%+이윤10% ③천정 m²당 = 20,000+공과잡비 10%+이윤 10%
(3)	황토흙 심벽 바르기 m²당 재료 및 품(황토 1cm 기준 중량 :16kg)	①초벽 바르기 = 흙 0.036m³(황토 57kg), 모래 0.01m³, 짚 0.45kg, 미장 0.03-인부 0.04 ②맞벽 바르기 = 흙 0.03m³(황토 48kg), 모래 0.01m³, 짚 0.19kg, 미장 0.04-인부 0.03 ③마감 고름질 = 흙 0.012m³(황토 20kg), 모래 0.003m³, 짚 0.034kg, 미장 0.06-인부 0.03

(4) 용도별 m²당 자연황토 자재 및 시공비

용도	황토	재료비	노무비	합계
바닥 m²	55kg	6,000원(3cm 기준)	12,000원	18,000원
벽 m²	55kg	6,000원(3cm 기준)	15,000원	21,00원
천정 m²	55kg	6,000원(3cm 기준)	20,000원	36,000원

※재료 : 짚+수사+부자재+접착제는 별도 산정

(5)	황토 25kg 1포 시공 면적	바탕 평면일 때 두께 1cm 시공 평당 2포 소요
		바탕 면이 불규칙할 때 1cm 시공 평당 3포 소요, ㎡당 1포 소요
	황토벽돌 쌓기	300×150×100 / 황토 25kg 1포 - 25장 조적
		300×150×150 / 황토 25kg 1포 - 20장 조적
		300×150×200 / 황토 25kg 1포 - 17장 조적
		200×60×90 / 황토 25kg 1포 - 60장 조적

※ 1품은 300,000원으로 보며(기술+보조), 비계작업은 별도로 가산됨.

(3) 황토미장 시공비 조견표

황토 1회 바르기 미장(품) : 마감용 황토 기준

시공 구분	작업 기준	1일 평균 시공량	㎡당 미장 품수	비고
바닥	20mm 미만 미장작업	20㎡	0.05품	1품(2인1조 기준)
벽	15mm 미만 미장작업	16.6㎡	0.06품	
천정	10mm 미만 미상삭업	12.5㎡	0.08품	

※1일 미장(품)은 250,000원 적용. 단, 비계작업은 별도 가산됨. 기능공 1인(15만)+보조 1인(10만)+기타(식대) 2만

※방바닥 시공(3cm 기준); X/L설치, 맥반석, 운모, 게르마늄, 황토 등 배합 및 기타 ⇒ 평당 계산함 : 고급(15만), 일반(12만)

3.3㎡(평)당 도급 시공비 분석

구분	㎡당 시공비	세부 내용	평당 시공비
바닥	18,000	미장품 12,500+공과잡비 10%+이윤 10%	59,400
벽	2,1000	미장품 15,060+공과잡비 10%+이윤 10%	69,300
천정	36,000	미장품 20,000+공과잡비 10%+이윤 10%	118,0000

(4) 한식 흙벽 바르기

공정별 ㎡당 소요 재료 및 시공품

공정	소요 재료	시공품
초벽 바르기	흙 0.036㎥, 짚 450g	미장 0.03, 인부 0.04
맞벽 바르기	흙 0.015㎥, 짚 190g	미장 0.04, 인부 0.03
마감(고름질)	흙 0.012㎥, 모래 0.003㎥, 짚 0.034	미장 0.06, 인부 0.03

※1일 시공품 250,000원 적용

용도별 공정별 ㎡당 시공 가격표

용도	초벌	맞벽	마감	전체 품
바닥 ㎡당	6,950	9,035	12,090	28,070
벽 ㎡당	75,750	10,000	15,070	32,660
천정 ㎡당	9,030	11,390	16,680	37,110

※상기 단가는 1일 300,000원 시공품 기준임.

(5) 황토와 접착제

황토와 접착제는 때려야 땔 수 없는 불가분의 관계로, 황토 일에서 접착제를 안 쓰려거든 황토 일을 하지 말라고 할 정도로 중요하다. 접착제는 황토의 접착을 도와주면서 방수 효과와 강도를 높여주는 자재다.

접착제는 그 종류가 무척 많으며, 현장에서 사용할 수 있는 종류는 다음과 같다. 접착제를 크게 나누면 천연수지, 식물성, 동물성, 광물성, 화학성, 해조류 등으로 나눌 수 있으며, 종류에 따라 가격차가 심하기 때문에 용도에 맞는 종류를 잘 선택해 사용해야 한다.

천연수지로는 송진 · 느릅나무 · 닥나무 등, 식물성으로는 옥수수 · 수수 · 쌀 · 찹쌀 · 고구마 · 감자 · 목화 · 메밀 등, 동물성으로는 동물의 가죽 · 뼈 · 힘줄을 녹인 유지와 아교 및 젤라틴(동물의 가죽 · 뼈 · 힘줄 따위에서 얻은 유도 단백질, 콜라겐이 녹은 것) 등, 광물성으로는 물유리와 파라핀(무기질과 유기질이 있다. 무기질 무색무취의 제품을 쓰고 있다), 화학성으로는 합성수지 · 아크릴 · PVA 등, 해조류로는 도박 · 우뭇가사리 · 미역 · 다시마 등이 접착제로 쓰인다.

식물성 가루풀

①성분

식물성 전분류(목화 · 고구마 · 감자 전분), 꿀밤나무 가루, 항균제

②특징

- 냉수에 분산이 쉽고 점도 상승이 빠르다.

- 냄새가 없고 인체에 무해하다.

- 보관과 유통 관리가 편리하다.

- 겉면에 노출된 풀이 무색투명하며 미관이 깨끗하다.

- 성분과 효과에서 환경오염이 없는 친환경 제품이다.

③사용 방법

- 냉수 1말(18ℓ)에 가루풀 250 g 을 배합하여 사용한다.

- 1분 이상 충분히 저은 뒤 10분 후에 사용한다.

- 외벽 방수 효과와 황토의 섭착을 노와야 될 경우 점도를 높여 가루풀 500 g 에 물 1말(18ℓ) ~ 1.5말(27ℓ)을 혼합하여 1시간 이내에 사용하도록 한다.

④가루풀을 바로 사용할 때

- 마른 황토 25kg에 가루풀 100g 정도를 혼합하여 사용 가능하다.

- 풀물 18ℓ에 황토 25kg 3포 정도를 배합하여 사용 가능하다(수분과 점도에 따라 조절하여 사용한다).

⑤주의사항

- 뜨거운 물에 혼합하지 않는다(식물성 성분이 익어버려 섞이지 않게 된다).

- 풀을 혼합통에 먼저 붓지 않는다(엉겨서 풀이 풀리지 않는다).

- 점도를 높여 사용할 경우 혼합 후 1시간 이내에 사용한다(전분과 항균제 성분 때문에 팽창하여 순두부처럼 될 수 있다).

– 절대 먹어서는 안 된다.

(6) 제조황토 시공 시 주의사항

① 황토 제품을 시멘트와 동일하게 생각해서는 안 된다.

② 황토는 경화되더라도 부서지는 성질이 있으며, 경화되기 전에 충격을 주면 황토의 기능을 제대로 발휘하지 못한다.

③ 황토 바닥 시공 시에는 2~3일 자연건조를 시키고 충격을 주지 않는다. 바닥 미장은 문지를수록 강도가 증가하며 마감 면이 매끄럽게 처리된다. 바닥 마감 후 부득이 밟아야 할 때는 표면이 일어나지 않도록 고무판이나 스티로폼 등을 깔고 들어간다.

④ 황토는 되도록 물을 많이 혼합하지 않아야 한다. 시멘트나 석고 등 다른 물질에 의해 백화현상이 나타날 수 있다. 물을 너무 많이 사용하면 경화가 늦으며 강도도 약해진다. 물의 양을 적당히 조절해야 빨리 건조되고 강도도 증가한다. 바닥 미장을 할 때도 벽 미장을 하듯이 적당히 물을 배합해야 한다.

⑤ 황토 미장 시에는 물솔질을 하지 않는다. 자체 수분으로 고름질과 동시에 마무리한다. 백화현상(얼룩)이 발생할 수 있으며, 강도가 저하되고 흙분이 묻어나온다.

⑥ 제조황토에는 다른 황토 제품을 첨가하지 않는다. 다른 제품을 섞으면 균열 발생의 요인이 되므로 부득이 혼합해야 할 때는 전문가와 상의한다.

⑦ 동절기 기온이 6℃ 이하일 때는 작업을 피한다.

⑧ 방수를 원할 때는 해초풀이나 가사리 방수액, 식물성 접착제 등을 첨가하여 1차 방수를 도울 수 있다.

⑨ 흙은 인위적인 손길로 매만져야 단단해지며, 손질할 때마다 균열이 완화되고 강

도가 증가한다. 어떻게 매만지느냐에 따라 모양이나 수명, 강도가 확연히 차이 난다.

(7) 압착시멘트와 슈퍼멘트

압착시멘트는 흑시멘트로 제조되며, 장기 접착성이 있다. 가벼운 타일 부착용으로 벽이나 바닥 시공에 사용하지만, 무게가 있는 타일이나 돌 등에는 사용하기 어렵다 (경화 속도가 늦음).

슈퍼멘트는 백시멘트로 제조되며, 단기 접착성이 있다. 약간의 무게가 있는 인조돌이나 자갈, 타일 등의 부착용으로 벽이나 바닥 시공에 사용한다. 그런데 경화 속도가 빨라 몰타르를 바른 후 작업시간이 지연되면 바람의 영향으로 바탕 피막이 마른다. 단시간에 충분한 두께로 작업할 양만큼 몰타르를 바르고 마감을 해야 한다. 피막이 말라갈 때 시공하면 접착력이 약해져 경화 후 떨어지는 현상이 생길 수 있다.

10
구들방 시공 시 사전 주의사항

(1) 목조주택이나 조립식주택 구들 시공 시 주의점

목조주택이나 조립식주택을 시공할 때 기초 위에 토대목을 깔고 벽체를 세우는 경우가 대부분이다. 구들방은 이맛돌에서 토대목이나 베이스판까지 최소 400mm 이상 이격하는 것이 안전하며, 양 측면은 아궁이 중심에서 좌우 500mm 이상 이격하는 것이 안전하다. 조립식주택일 경우 스티로폼이 있어 목조주택보다 더욱 화재에 주의해야 한다.

또한 한옥에서는 아궁이 쪽 하인방은 기본 인방목보다 150mm 이상 높게 설치하는 게 안전하다.

(2) 시멘트 이중벽 구들 시공 시 주의점

구들이 대중화되면서 일반 신축 건물뿐 아니라 기존 건물에도 구들을 시공하는 경우가 있는데, 기존 건물이 이중벽일 때는 벽과 벽 사이에 단열재인 스티로폼이 들어 있다. 구들 시공을 위해 이맛돌을 놓으려면 공간 확보를 위해 벽채를 절단하게 되는데, 이때 단열층이 노출될 수 있다. 단열층이 가까울 수도 있고 노출될 수도 있어 화재에 위험하며 연기 잡기도 힘들기 때문에 충분하게 공간을 확보하여 연기와 화재에 대한 안전 조치를 한 후 연기를 발생시켜 새는 곳이 없는지 확인하고 최종 마감을 하는 것이 좋다. 연기를 발생시키면 제일 먼저 연기가 나오는 곳이 전기 복스 자리다. 이곳을 확인하면 된다.

(3) 시멘트 블록 하방벽 시공 시 주의점

건물 하방벽 조적 시 경비와 시간이 가장 적게 드는 재료는 시멘트 블록이다. 그러나 블록은 구멍이 있기 때문에 구멍 사이로 연기가 올라오면 막을 길이 없다. 블록을 쌓고 나면 마지막 한 단은 연기가 새지 않게 몰타르를 가득 채워 메워야 한다.

(4) 방을 밀폐시키는 것은 위험

요즘 아파트에서 이중문을 설치하고 살면서 우리 몸은 따뜻한 곳에 익숙해져 면역력이 약해지면서 조금만 추워도 견디기 힘들어 한다. 그러다 보니 겨울이면 바람 한 점 들어오지 못하도록 창문을 테이프나 비닐로 막고 난방을 하는 터라 난방열로 인

해 공기가 팽창하게 되고 산소가 부족해진다. 따라서 산소 부족으로 인한 질식사를 조심해야 한다.

대개 질식사는 방심하는 사이에 일어난다. 익히 알고 있는 내용으로 자동차 창문을 닫고 안에서 잠들 경우, 밀폐된 좁은 공간에서 난방기나 난로를 켠 상태에서 잠들 경우 산소 부족으로 인한 질식사의 위험이 있다. 실

내에 아궁이나 벽난로, 가스보일러 등 난방기를 설치할 때는 연소로 인해 산소가 부족해지지 않도록 외부에서 난방기 앞까지 관을 이용해 산소를 공급해야 한다.

(5) 방 안으로 연기가 들어오지 않게 막는 방법

연기는 불완전연소와 습이 많거나 산소가 모자랄 때 생기는데, 연기가 방 안에 들어오면 매캐한 냄새와 함께 눈이 따갑다. 이때 빨리 방문을 열어 환기를 시키고 불문을 열어 완전연소가 되도록 조치를 한다.

연기 유입에 가장 취약한 곳은 벽과 바닥이 만나는 곳으로, 연기가 유입되지 않도록 강도가 강한 몰타르나 마른 모래와 흙을 섞어 잘 다지고 미장을 한 후 바닥과 벽에 풀칠을 잘 하고 종이로 두 번 정도 발라주면 연기 문제는 해결할 수 있다. 쉬운 방법으로 강도가 강한 몰타르로 사춤을 하고 솔로 쓸어주면 한 번에 바로 해결된다.

구들을 시공할 때 안쪽에서는 연기를 잡기 쉬우나 구들돌이 외벽과 닿아 있으면 연기 잡기가 힘들어진다. 벽과 만나는 가장자리 쪽 구들돌은 벽에서 30mm 전후로 띄워 시공하고, 공간 사춤은 흙과 모래를 1:2 비율로 섞고 생석회 10%를 되게 비벼 다짐하거나 마른 모래와 흙을 1:1 비율로 혼합하여 다짐한다.

만약 구들 시공 후 구들 위에 벽을 쌓으려고 하면 시근담을 벽보다 넓게 잡아 벽이 구들장을 누르는 일이 없도록 하고, 시근담도 기초벽이 되도록 하며, 상부 벽을 지탱할 수 있도록 튼튼하게 쌓아야 된다. 또한 벽과 벽 사이는 첫 단을 쌓고 나서 공간을 강도 있는 몰타르로 80% 채운 뒤 마른 흙으로 나머지를 채운 후 다음 단을 쌓는다. 이중벽을 쌓을 때는 첫 단에서 연기를 잡지 못하면 조적이 끝난 후에는 연기를 잡기 어렵다.

(6) 건강하고 쾌적하게 구들방을 사용하는 방법

① 황토방 시공 후 완전히 마른 뒤 사용한다. 건조가 덜 된 방은 불을 때면서 마르는 사이 연기와 습이 만나면서 독소가 연기가 새는 틈을 타고 나온다. 방을 말릴 때는 창문을 열고 말리는 것이 좋으며, 방이 완전히 마른 뒤 사용하는 것이 좋다.

② 마른 연료를 때야 한다. 생나무나 젖은 나무를 때면 잘 타지 않을뿐더러 나무에서 독소가 나와 냄새가 독하다. 마른 나무를 때면 불도 잘 붙고 화력도 좋다.

③ 굴뚝에 댐퍼를 달아 사용할 때 주의할 점이 있다. 불을 때고 연소가 덜 된 상태에서 열을 가두기 위해 댐퍼(굴뚝 열 차단기)를 닫아버리면 갈 곳 없는 연기가 방 안으로 들어온다. 완전히 연소된 후 닫아야 안전하다.

(7) 공병이나 자갈을 깔면

요즘 구들방에 축열 목적으로 공병이나 자갈을 까는 경우가 있는데, 발상은 좋지만 한 번 더 깊이 생각해보면 잘못된 것을 알 수 있다. 모든 하자는 방심과 단순한 생각에서 발생한다고 본다.

공병을 사용할 때는 병뚜껑을 제거해야 폭발하지 않으며, 진공 상태의 병은 열을 오래 가지고 있지만 그만큼 열이 전도되어 올라가는 시간이 길다는 점을 염두에 둬야 한다. 또한 구들은 사용하다 보면 뜻하지 않게 보수를 해야 하는데, 바닥에 깔아 놓은 병은 열을 받아 약해져 있기 때문에 바닥을 팔 때 건들면 잘 부서진다. 주의하지 않으면 상처를 입을 수 있다.

구들을 놓고 바닥의 수평을 잡기 위해 깊은 곳에 자갈을 많이 채우는데, 자갈 위에 또 자갈이 올라가면 자갈이 놀게 되고, 열을 받으면 부풀어 올라 밟으면 와삭와삭 소리가 나며, 바닥이 침하되기 쉽다. 자갈은 흙과 혼합하여 다져주는 것이 강도가 생길 뿐 아니라 축열 기능도 좋아진다. 부토 깊이에 따라 깊은 곳에는 주먹돌을 넣은 뒤 흙과 자갈을 섞어 깔면 충분한 효과를 볼 수 있다.

(8) 굴뚝(연통)을 선택할 때

굴뚝의 선택도 지혜롭게 해야 한다. 가격과 수명을 따지고 설치 방법도 고려해 선택해야 한다. 굴뚝의 설치 방법은 조적으로만 쌓는 방법, 관을 세워놓고 벽을 쌓는 방법, 관만 세우는 방법으로 나눠지며, 어느 방법으로 시공할지는 시공자의 선택 사항이다. 조적으로 쌓을 때는 연기가 새지 않게 줄눈 넣기를 잘 해야 하고, 관을 세울 때는 그을음과 목초액이 나오면서 검게 변한다는 것을 생각해야 한다.

▲ 파형 강관

▲ 일반 파형관

▲ PE관

▲ THP관

　파형관의 경우 일반 파형관은 피복 두께가 얇아 빨리 산화되며, 파형강관은 가격은 비싸지만 피복 두께가 두꺼워 수명이 길기 때문에 파형강관을 선택하는 것이 좋다. PE관의 경우 일반 주름관은 THP관으로 단관이며 단열에 약하고, 이중주름관은 단단하며 단열성이 좋다. 일반 파형관은 땅 속에 매설하지 않는 것이 좋다. 습과 만나면 빠르게 부식되어 수명이 짧고 연통이 막히는 현상이 일어날 수 있다.

참고사항　**함실과 불목의 관계**

함실아궁이에서 함실장과 함실턱 사이가 좁으면 치솟는 불꽃이 구들돌에 반복적으로 부딪치게 되면서 안쪽으로는 구들돌이 타게 되고 밖으로는 연기가 내치게 된다. 불목은 최소 150mm 이상 높이로 시공하는 것이 좋으며, 가능한 한 함실에서 열기를 빨리 내보내는 것이 좋다.

11

구들방 시공 전 문제 해결(45가지)

중요 문제 해결 포인트

(1) 아궁이를 만들 때 주의할 점

이맛돌에서 불목돌은 방 높이에 따라 올리고 불문은 100mm 이상 낮춰야 한다.

(2) 아궁이를 소각장으로 사용해선 안 된다

아궁이를 소각장으로 착각하여 비닐이나 잡쓰레기를 태우면 질식사의 위험이 있다.

(3) 아궁이와 굴뚝 위치에 상관없이 방을 따뜻하게 할 수 있다

불은 위로 오르는 성질이 있기 때문에 경사가 있어야 하며, 아궁이보다 굴뚝이 깊어야 불이 잘 들고 따뜻하다.

(4) 아궁이 재받이가 있는 것과 없는 것의 차이

재받이가 있으면 산소 공급이 원활하지만, 없으면 흐름이 좋지 않아 연기가 밖으로 나오게 된다. 그러나 재받이가 있으면 나무가 타고 나서 잔열이 없게 되어 온기가 빨리 식는다.

(5) 난방용(아궁이) 함실에는 부넘기를 없애야 열효율이 좋다

부넘기는 취사용일 때 솥의 음식을 빨리 끓이기 위해 설치하는 것이다. 난방용은 속불을 때는 것이 열효율이 좋기 때문에 함실을 깊게 하여 긴 나무를 땔 수 있도록 하고, 바닥에서 고래 바닥까지 150mm 이상 턱을 주어 재가 고래로 유입되는 것을 막는 것이 좋다.

(6) 솥을 걸려면 아궁이 자리를 솥뚜껑으로 맞춰라

솥을 걸 턱을 만들려면 무거운 솥을 들었다 놓았다 하기보다는 솥뚜껑보다 30mm 크게 원을 그려 시공하면 된다. 또한 가마솥 중에 뚜껑보다 솥전 쪽이 넓은 솥도 있다. 이때는 넓은 쪽 길이의 자를 만들어 벽에서 100mm 나온 점에서 원을 그려 조적하는 방법으로 하면 된다.

(7) 불길을 막지 않도록 솥 밑이 이맛돌보다 내려오지 않게 하라

솥 밑 부분이 이맛돌보다 올라가야 열과 연기를 방해하지 않는다.

(8) 솥을 수평으로 걸어야 보기도 좋고 음식도 잘 끓는다

수평대가 없다면 솥 안쪽에 수평 방향으로 돌린 자국이 있으니 이 선에 맞게 물을 부어 맞추면 된다.

(9) 함실에서 내 마음대로 불 힘을 조절할 수 있다

함실벽은 불목 쪽으로 갈수록 좁게 해야 불의 힘이 강해지고, 불고개에서 분배를 잘 해야 방도 골고루 따듯하다.

(10) 함실 깊이와 넓이를 조절해야 한다

큰 방일 때는 함실을 넓고 길게, 작은 방일 때는 좁고 짧게 하며, 안쪽은 앞쪽보다 100mm 정도 좁게 한다.

(11) 고래와 고래뚝(굄돌) 높이를 잘 조절해야 방이 따듯하다

함실 가까운 곳은 높고 넓게, 멀리 갈수록 낮고 좁게 조절해야 불에 힘이 생긴다.

(12) 고래개자리로 넘어가는 고래턱을 잘 조절해야 방이 오래 따뜻하다

굴뚝이 가까우면 고래턱을 막아주고 멀수록 열어준다.

(13) 고래개자리를 잘 만들어야 불이 잘 들고 열이 오래간다

고래개자리는 깊을수록 좋다. 넓이는 250mm 이내, 깊이는 800mm 이상으로 한다.

(14) 고래 넓이와 높이는 연료 사용량과 관계가 있다

적은 열량으로 단시간 사용하려면 고래 넓이와 높이를 200mm 이내로 한다.

(15) 흩은고래는 불의 흐름을 잘 조절해야 방이 고루 따뜻하다

방을 골고루 따뜻하게 하려면 고래 입구에 불길을 터주었다가 중간 지점부터 막고 트고를 반복한다. 고임돌은 진행 방향 대각으로 놓는다.

(16) 개자리가 깊을수록 불힘은 강해진다

개자리를 깊이 파면 더운 공기가 들어갈 때 고래 속 찬 공기와 습기를 만나 결로 현상이 생기는데, 밀리면서 떨어지는 힘에 의해 불힘이 강해진다.

(17) 고래뚝이나 고임돌 선택 방법

적벽돌은 1200~1300℃로 구워서 강하며 가격도 저렴해서 고임돌로 적합하다. 시멘트 제품은 열을 받으면 약해지기 때문에 부적합하고, 내화벽돌은 적벽돌보다 5~6배 고가라서 부담이 될 수도 있다.

(18) 굴뚝은 높이와 크기에 따라 역류 현상이 다르게 발생한다

굴뚝이 높거나 지름이 작으면 첫 불을 땔 때 불리하며, 지름이 크면 역풍에 취약하고 열손실이 많이 난다. 방 크기에 맞춰 150~200mm가 적당하고, 높이는 처마선에서 1m 이내로 한다.

(19) 굴뚝에서 연기가 적게 나게 하려면

굴뚝에서 나는 연기는 50%는 연기, 50%는 습(수증기)이다. 산소 유입이 잘 되게 하고 마른 나무를 때며 내부에 습이 들어가지 않게 하면 연기가 적게 난다.

(20) 굴뚝은 바람을 차단할 수 있도록 조정해야 한다

굴뚝 바람을 차단하려면 굴뚝개자리를 넓고 깊게 하고, 보온되게 하며, 바람이 새지 않게 하고, 개자리 상부 면을 토출구 정도로 좁혀 준다. 조적식 굴뚝일 때는 연기 나가는 곳을 굴뚝 4면에 둔다.

(21) 굴뚝개자리를 잘 만들어야 불이 잘 든다

굴뚝개자리는 깊게 파고, 외부 방수를 잘 하며, 굴뚝 지름의 4배 이상 크게 해야 보온이 잘되면서 역풍을 방지한다.

(22) 연도 조절을 잘 해야 열이 오래간다

연도는 내부의 열과 연기를 마지막 내보내는 곳으로, 고래 바닥보다 낮게 하며, 굴뚝 지름의 1.5~2배(300x300mm) 크게, 위치는 고래개자리 중심에서 아래쪽으로 한다.

(23) 열을 방에 오래 머물게 하는 방법

열을 오래 머물게 하려면 부토층에 축열 공간을 만든다. 구들장 밑바닥에는 자갈을 깔고 흙을 덮고, 구들장 위는 주먹돌 및 자갈과 흙을 덮고 고래턱을 70% 막아 열을 가둔다.

(24) 방을 골고루 따뜻하게 하려면

방을 골고루 따뜻하게 하려면 불목에서 열 분배를 잘 해야 한다. 멀리 갈 열을 많게, 가까운 곳이나 직선은 적게 분배한다.

(25) 방바닥에서 열을 오래 보관하려면 축열 장치를 한다

방바닥 부토층에 주먹돌(깊은 곳) 및 자갈과 흙을 혼합하여 깔면 열은 배로 저장된다.

(26) 열효율을 높게 하려면

마른 나무를 때며 활활 타도록 불을 피운다. 젖은 나무, 합판, 썩은 나무를 피한다.

(27) 열을 멀리 보내는 방법과 짧게 보내는 방법

멀리 보낼 때는 함실 뒷면 턱의 각도를 낮게 눕히고, 방 길이가 짧으면 세운다.

(28) 남은 열을 오래 유지하려면

연료가 연소된 후 불문과 굴뚝을 막는다. 불문은 이중으로 달고, 굴뚝에는 댐퍼를 달아주면 된다.

(29) 불을 매일 때는 방과 간혹 때는 방 아랫목 두께를 다르게 한다

매일 때는 방은 300mm 전후, 간혹 때는 방은 150mm 전후가 적당하다.

(30) 열에는 연료에서 발생한 열과 습이 열을 받아 발생한 열이 있다

연료가 타면서 습에 열을 가하게 되면 습기가 열을 받아 펄펄 끓게 된다. 이때 열은 두 배로 발생한다.

(31) 방바닥 높이를 잘 조절해야 방이 따뜻하다

일반 가정용의 아랫목은 250mm 이내 윗목은 100mm 이내가 좋다.

(32) 보통 방은 방바닥에서 이맛돌까지 최소 높이만 유지한다

높이는 300mm가 좋으며, 높으면 열이 빨리 올라오지 않는다.

(33) 영업용과 가정용을 구분한다

윗목의 경우 영업용은 200mm 전후로 가정용은 100mm 이내로 하며, 필요한 시간에 맞춰 방바닥 두께를 조절한다.

(34) 내부 습을 적게 하려면

지면보다 건물을 높게 하고, 습한 지역은 건물 외곽으로 배수로를 만들어 습이 내부로 들어오지 않게 하며, 내부 습은 굴뚝 쪽으로 흐르게 한다.

(35) 습이 고래에서 고래개자리로 처지면서 열을 빨아 당기는 역할을 한다

열이 진행하면서 연기는 습기를 머금고 나가며, 고래개자리 연기가 밑으로 처지는 과정에서 떨어지는 압력의 힘으로 불길을 당긴다.

(36) 내부에 습이 차지 않아야 화력이 좋고 불힘도 세다

아궁이 바닥에 바닥보다 넓게 구들처럼 돌을 깔아주면 지반의 습을 차단하며 열을 오래 보존하고 재를 치우기도 편리하다. 또한 벽 쪽에서 들어오는 습을 차단하며, 굴뚝 위를 덮어 비를 막는다.

(37) 외벽 쪽 습을 제거하는 방법

근본적으로 습이 들어오지 못하게 하고, 기초 부분과 조적 부분에 외부 방수를 한다.

(38) 외벽 쪽으로 열이 가야 습을 막고 곰팡이가 피지 않는다

흩은고래를 만들 때 외벽 쪽으로 2/3 지점까지 줄고래로 유도하면 된다.

(39) 고열을 받는 곳에는 내화벽돌이 좋은데, 습을 흡수하는 성질이 있다

내화벽돌은 전도력이 약해 나가는 열을 차단하며 내부 열을 보호한다.

(40) 방 안 외벽 쪽 곰팡이 예방법

구들장 밑 내부에 습이 많으면 바닥 장판에 곰팡이가 피게 된다. 시근담은 아궁이와 거리가 멀수록 100mm 이내로 좁게 하는 것이 좋다.

(41) 적은 연료로 불힘을 세게 하려면

습은 불을 죽인다. 습은 공기보다 약 32배 더 열을 빼앗으므로 연료를 32배 더 때야 따뜻하다. 습을 막는 것이 가장 중요하다.

(42) 적은 연료로 방을 빨리 데우려면

방바닥 두께를 100mm 이내로 얇게 한다.

(43) 방바닥이 타지 않게 하려면

열에 강한 내화물이나 두꺼운 현무암으로 함실 위를 2중 겹구들로 장치하고, 만약 부토층이 높지 않을 때는 함실을 길게 하고, 측면이 넓지 않을 때는 직선으로 가는 열의 진행을 원활하게 열어주는 방법으로 한다.

(44) 방 안에 나무기둥이 노출된 경우 방부 · 방충 · 습기 · 화재에 취약하다

방 안쪽에 노출된 목재는 최소 30mm 정도 이격해 공기가 순환될 수 있도록 하고, 100mm 이상 두께로 뚝을 쌓아 목재부에 불길이 닿지 않도록 해야 화재를 예방할 수 있다. 이격된 공간에 소금을 넣어두면 염수가 빠지면서 방부 · 방충을 동시에 할 수 있다.

(45) 내 · 외부 바람이나 연기가 새지 않게 하려면

하방벽 미장을 하고, 블록 기초벽일 때는 공간을 꼼꼼히 메운다.

12
구들방 시공 후 문제 해결

(1) 불은 잘 드는데 방이 안 따뜻할 때

방바닥 두께가 두꺼울 때와 불이 너무 잘 들 때 방이 안 따뜻할 수 있다. 방바닥 두께를 줄이거나 꾸준히 지속 난방을 하면 된다.

(2) 아랫목은 타는데 방이 안 따뜻할 때

고임돌이 고래 불길을 막으면 아랫목만 탄다. 불길을 터주면 된다(고임돌을 열어 주면 됨).

(3) 잘 사용하던 방에 갑자기 불이 안 들어가고 연기가 내칠 때

오래되어 고래가 막히거나 그을음이나 목초액, 낙엽, 시멘트 등이 굴뚝개자리에 쌓였을 때 이런 현상이 일어난다. 굴뚝 상부에서 돌을 내려 보고 굴뚝개자리를 청소한다. 굴뚝개자리가 이상 없다면 불목 구들장이 깨졌거나 재가 쌓였을 수 있다. 재나 그을음을 쎈 물이나 에어로 불어내면 된다.

(4) 아랫목 불목돌이 내려앉았을 때 교환하려면

방을 뜯지 않고 함실 안에서 양쪽에 받침벽을 쌓고 두꺼운 철판이나 얇은 내화판을 구해 받친다.

(5) 불이 너무 잘 들어 나무가 많이 들고 굴뚝이 뜨거울 때

짧은 방일 때 나는 현상으로, 직선 불목을 반 정도로 줄여주고 연도를 절반 정도로 줄여 조절한다.

(6) 굴뚝으로 역풍이 들어올 때

조적식 굴뚝일 때 토출구를 4곳에 나누어 내는 방법과 굴뚝 쪽으로 오는 연도 상부를 굴뚝개자리 쪽으로 내밀면서 끝을 낮춰주는 방법이 있다.

(7) 솥을 걸기 전에는 불이 잘 들던 아궁이가 솥을 걸고 나서 안 들 때

솥 밑 부분이 불길을 막아 잘 들던 불이 안 들게 된다. 솥 밑이 이맛돌 선보다 올라가게 시공하면 된다.

(8) 솥에 음식을 끓이려고 하는데 불이 누워 들어가 끓지 않을 때

음식을 끓이는 아궁이는 벽 하부 쪽 함실을 솥보다 200mm 정도 남겨 부넘기 역할을 하도록 한다.

(9) 내부에 습이 많아 목초액이 많이 발생할 때

내부에 습이 많으면 목초액이 많이 생긴다. 심하면 굴뚝개자리가 막히는 경우도 있다. 둥근 닭모이판을 구해 연통구보다 작게 뚫고 굴뚝을 세우면 연통에 붙어 떨어지는 목초액을 외부로 다 받아낼 수 있다.

(10) 종이장판에 곰팡이가 피지 않게 하려면

바닥에 붙인 종이는 숨을 쉬는 소재기 때문에 장시간 다른 물건을 밀착하여 놓게 되면 습이 증발하지 못하여 곰팡이가 발생한다.

(11) 하인방목과 방바닥 사이 틈으로 연기가 새어나올 때

나무와 흙 사이 틈으로 연기가 계속 새어 나오면 나무와 흙이 만나는 곳에 흙과 물풀을 묽게 발라준 뒤 창호지를 벽과 바닥에 밀착되도록 2회 이상 100mm 이상 겹치게 하여 시공한다.

(12) 불길이 밖으로 계속 내칠 때

열기가 계속적으로 밖으로 내치는 것은 불문이 높게 달렸다는 증거다. 이맛돌보다 100mm 이상 낮춰주면 된다.

(13) 아궁이 속에서 불이 안 들고 불이 자꾸 꺼질 때

불 피우는 것도 기술이다. 안쪽부터 불을 지펴야 되며, 앞쪽이나 중간에서 불을 붙이게 되면 연기가 불길을 막아 연기만 나고 불은 안 붙는다. 불을 다시 안쪽에서부터 붙이면 잘 탄다.

(14) 기존벽 안쪽으로 황토벽돌을 쌓은 후 벽면으로 연기가 새어 나올 때

이중벽을 쌓을 때 흙벽돌을 구들 위에서 바로 쌓으면 연기를 잡기가 힘들어진다. 처음 쌓을 때는 첫 단을 놓고 강한 몰타르로 벽돌 높이만큼 메우고 말린다. 다 쌓여진 벽을 첫 단을 남겨두고 3장 건너 1장을 남겨두고 부셔놓은 다음 사춤을 하면서 철거한 벽돌을 쌓는다.

(15) 아궁이에서 물이 많이 날 때

물이 나는 아궁이는 불힘도 없고 화력이 약해 연료 소비가 많아진다. 이런 아궁이는 로스톨형(거름망)으로 아궁이를 만드는 것이 좋으며, 재받이 밑에 아궁이 쪽으로 수로를 내거나 바가지로 퍼낼 수 있다면 구덩이를 파준다(바닥에서 올라오는 물이 밖으로 흘러나올 수 있게 낮은 곳을 파고 대리석 돌판을 깔아 사용하는 방법도 가능하다).

(16) 불도 잘 들고 고래 분배도 잘 되었는데 열기가 멀리 가지 않을 때

불은 좁은 곳에서 속도가 빨라진다. 먼 곳까지 열기를 보내려면 함실 바닥을 고래 바닥 경사 이상으로 만들고 함실 뒤편을 앞보다 줄여준다. 함실이 넓으면 불이 퍼져서 멀리 못 가니 함실을 줄여주면 속도가 빨라져 멀리까지 갈 수 있다.

(17) 불을 계속 지피지 않고 온도를 유지하는 방법

한번 피운 열기를 오래 유지하려면 연소 후 굴뚝 댐퍼를 닫는 방법과 불문을 이중으로 다는 방법이 있다. 통나무를 한 개 넣어두면 최소한의 산소가 들어가며 천천히 타면서 식어가는 열기를 보충한다. 불완전연소로 발생하는 연기가 방 안으로 들어오지 않는다.

(18) 어느 한 곳이 집중적으로 검게 탈 때

타는 부위를 구들장까지 뚫고 고임돌 위치를 변경하는 방법과 열기가 부딪치는 고임돌을 대각으로 놓아 최대한 불길을 터주는 방법이 있다. 부토층이 있을 때는 아래 구들장과 공간을 띄워 겹구들을 놓으면 해결된다.

(19) 문틀 밑이나 하인방 밑에서 나오는 연기를 잡으려면

시멘트 블록으로 하방벽을 쌓은 후 마지막 단 구멍을 강한 몰타르로 막지 않고 하인방을 놓게 되면 어디서 시작하는지 모르게 여기저기 연기가 새어 나오게 된다. 틈새를 5cm 이상 파내고 몰타르로 사춤한 뒤 시멘트 가루나 생석회로 말린 다음 바닥 마감을 한다.

13
구들장의 종류와 놓기

(1) 자연석 구들과 규격재 구들

구들장의 종류

구들돌로 쓸 수 있는 돌은 화강암, 편마암, 현무암, 점판암 등이 있다. 결은 형성하되 평면은 금이 가지 않은 자연적으로 형성된 돌 중에 두께 30mm 이상 150mm 이내의 놀이어야 하고, 면적은 넓은 면이 400mm 이상인 것이 좋다. 퍼석돌이나 활석(켠 돌)은 열에 약하다.

화강암은 쑥색이나 흙색을 띠며, 자연 상태에서 결이 형성된 돌이어야 열에 강해 구들돌로 쓸 수 있다. 활석(켠 돌)은 속 피부처럼 약하며, 켤 때 톱날에 잘리면서 열을 받아 돌 속에 있는 석영이 녹아 기공을 막기 때문에 축열성이 약하다.

편마암과 점판암은 검은색을 띠며, 망치로 두들겼을 때 쇳소리가 나는 돌은 너무 강해 열에 약하기 때문에 열이 적은 윗목에 깔아주는 것이 좋고, 탁음이 나는 돌은 아궁이 부분 직불만 피하면 사용해도 된다.

현무암(화산석)은 불에 견디는 힘이 강하면서 기공이 있어 열을 오래 머금고 있기 때문에 구들돌로 최적이라 할 수 있다. 시공할 때는 형성된 결을 보고 결 방향이 고임돌 쪽으로 가도록 해야 한다. 300×600×30T, 400×600×30T, 500×500×50T,

500×600×50T, 500×700×80T, 500×1000×80T 등 다양한 규격의 구들돌이 시판되고 있다.

자연석 구들돌 놓기

규격재 구들돌은 본바닥에 구들장 규격에 맞게 고임돌을 먼저 쌓고 구들돌을 놓으며, 자연석 구들돌은 바닥에 부토를 채운 뒤 돌 크기에 맞춰 굄돌을 놓기 때문에 바닥 다지기를 잘 해야 침하되지 않는다. 자연석 구들돌은 이음하기에 시간이 오래 걸리며, 크기도 다양해 선별하지 않으면 마지막에 잔돌만 남게 된다.

먼저 아랫목 불목 쪽에 큰 돌을 선별하여 놓고, 그다음 고래개자리 쪽 허공 부분에 결이 없고 단단하며 큰 것을 놓는다. 출입문 쪽도 큰 돌로 놓는다. 줄고래로 놓으면 시공하기 좋으나 흩은고래로 놓을 때는 바닥을 함실 쪽에서 고래턱 높이와 경사지게 다짐하고, 고래 높이에 맞게 굄돌을 설치한 후 진흙을 수제비 점질로 배

합하여 올려놓고, 돌의 형태에 따라 면 잡기를 한 후 쇄석으로 상부에서 밟더라도 침하되지 않도록 쇄기와 진흙을 깔고 구들돌을 놓는다. 다음 장을 놓을 때는 굄돌을 구들장에 맞춰 놓아야 되기 때문에 연결할 돌 모양을 보면서 눈도장을 찍어 다음 돌을 찾아온다. 이런 방법으로 아랫목에서 윗목으로 경사지게 놓는다.

돌을 놓을 때는 앞돌보다 뒷돌 밑 부분이 내려오지 않아야 불길을 막지 않고 그을음이 적게 생긴다. 구들돌에 여유가 있으면 잔돌을 남길 수 있지만, 돌이 부족할 때는 흩은고래를 하더라도 열이 취약하지 않은 곳을 정하여 짧은 줄고래를 잡아 시공하는 것이 좋다. 굄돌이나 고래뚝 넓이는 최소 150mm 이상 되어야 4장 정도의 구들장이 걸릴 수 있다.

헌 구들을 사용할 때

습을 먹고 열을 받던 돌을 재사용할 때는 비와 햇빛에 노출시켜서는 안 된다. 돌이 물을 먹었다가 말랐다가를 반복하는 사이에 약하게 되므로, 재사용할 돌은 비와 햇빛에 노출되지 않게 잘 덮어 보관해야 한다.

규격재 구들돌 놓기(하방벽이 쌓아진 상태)

현무암 규격재 구들은 일반적으로 500x500x50T로 판매되고 있으며, 하방벽 쪽 시근담을 사면에 돌출되게 쌓고, 고래 간격을 외벽 쪽은 530mm, 다음은 500mm 간격으로 가로세로 띄우고, 고임돌 넓이는 200mm 전후로 쌓는다. 고임돌 높이는 고래개자리 쪽 시근담 마감선에서 100mm 낮게, 아랫목 쪽은 불목돌에서 20mm 높게 쌓는다.

(2) 불목돌과 겹구들장 놓기

불목은 함실 뒤 고래가 시작되는 곳인데, 불목돌과 함실장은 용어가 통일되지 않아 부뚜막아궁이일 때는 불목돌이라 하고, 함실아궁이(난방용)일 때는 함실장이라

고 한다. 불목돌을 받치는 고임돌을 불목 고임돌이라 한다. 불목돌은 열에 강한 내화판이나 현무암 중 80mm 이상 두꺼운 돌을 깔아주는 것이 좋다. 결이 있는 편마암이나 점판암을 깔면 열을 받으면서 결결이 터지게 되며, 활석한 화강석을 쓰면 열을 받으면서 부위 부위 갈라져 얼마 가지 않아 내려앉아 보수를 해야 하는 불편한 일이 생기게 된다. 경제적으로 부담이 되더라

도 처음부터 열에 강한 돌을 쓰면 중간에 보수하는 일이 없어 장기적으로 보면 오히려 저렴한 결과가 된다.

불목은 불을 제일 많이 받는 곳으로 이중 겹구들을 깔아야 500~900도 이상 발생하는 열에 아랫목이 타지 않는다. 열의 전도 원리로 인하여 뜨거운 열기는 상부로 바로 전도되기 때문에 이중구들로 놓지 않으면 아랫목이 타게 되어 있다. 옛날 구들방은 홑구들을 놓다 보니 대부분 아랫목이 탄 것을 볼 수 있다. 대신 이중구들을 놓게 되면 열전도가 늦어져 윗목이 먼저 따뜻하게 되어 있다. 그러기에 구들 시공자들은 윗목부터 따뜻해야 잘 놓은 구들이라고 말한다.

가정용일 경우 아랫목은 250mm 정도로 잡아야 48시간 열이 체류할 수 있다. 일시적으로 사용하는 방으로 빠르게 열을 올려 24시간 이내로 쓰고자 한다면 150mm 이하도 가능하다. 대신 2중 겹구들은 안 되며, 연료를 많이 때면 아랫목이 타게 된다. 연료는 아궁이 가득 한번 때본 후에 양을 조절하는 것이 좋다.

구들장을 놓을 때는 굄돌 위에 수제비 반죽 점질로 배합한 몰타르를 올려놓고 구들돌을 놓아 사면이 안전하게 안착하도록 하는데, 중해머로 안착시킬 때는 나무를 대고 치는 것이 돌에 무리가 안 가며, 발로 밟을 때는 돌 중앙을 한 번에 밟아야 된다. 중앙을 밟지 않고 어느 한쪽을 밟으면 몰타르의 침하에 따라 기우뚱거리게 되니 주의해야 하며, 굄돌 위에서 삐져나온 몰타르와 떨어진 몰타르를 깨끗하게 제거해야 고래가 막히지 않는다.

구들에서 연기를 잡기 힘든 곳은 벽과 만나는 곳으로, 30mm 이상 띄워 강도가 있는 몰타르나 마른 흙과 모래로 다짐해야 연기를 잡을 수 있다. 고래개자리 위쪽은 연기가 오래 체류하는 공간으로, 돌과 돌 사이에 몰타르를 조금씩 붙여 구들을 놓으면 스미드는 연기를 1차로 막을 수 있으면서 돌과 놀이 결합되므로 강도가 강해진다. 고래개자리 윗돌은 돌의 결을 보고 결이 없는 돌이나 역결 방향으로 놓는 것이 구들장 파손을 예방할 수 있다. 구들돌 두께는 50mm가 적합하다.

고래 밑에 습이 많을 때나 젖은 나무를 땔 때는 수증기가 증발하면서 구들돌에 붙는데, 기름기가 많은 나무나 합판 종류가 타면서 생긴 그을음이 물방울과 만나면서 그을음 종유석을 만들게 된다. 반복되면 종유석이 커지면서 고래가 막혀 불이 안 들게 된다.

통구들은 고임돌이 없는 구들로, 구들돌을 받치는 것은 고열에 견디는 강철을 멍에로 쓰며, 멍에 길이가 길 경우 1m에 1곳 정도 동바리 형태로 적벽돌로 고이는 방법으로 하고, 멍에와 멍에 사이는 구들장 넓이에 맞게 놓고 아랫목에서 윗목으로 5~10도 경사지게 놓는다. 바닥과 구들돌 고래 높이는 300mm 이내로 하며 바닥에 축열 기능을 돕기 위해 자갈과 흙으로 혼합하여 돋운다.

통구들은 고임돌이 적어 열 진행에 장애를 받지 않기 때문에 열이 고르게 퍼질 수 있는 것이 장점인데, 열이 쉽게 넘어가지 못하도록 고래턱에서 조절하는 것이 중요하다. 부토층은 주먹돌과 흙, 자갈을 깔아 오래 축열할 수 있도록 한다. 그런데 공간이 통으로 비어 있어 열손실이 일어날 수 있으니 연도 위치는 고래턱보다 내려가는 것이 좋다. 굴뚝에 댐퍼를 달거나 아궁이를 2중으로 장치하는 방법이 중요하다.

부록

1

복합난방과
기능성
자재

01
구들과 온돌의 종류

(1) 구들의 종류

① 전통구들(재래구들) : 옛날부터 시공해 오던 방법으로 널리 알려져 있고, 많이 시공하는 구들 방법을 말한다.

② 회전구들 : 한줄고래 방법으로 함실을 길게 주고 원을 그리며 한 바퀴 돌때마다 일정한 높이로 올라가며 돌게 하는 구들을 말한다.

③ 복층구들 : 고래를 이층으로 하고 맨 아래 습층을 주어 바닥에서 올라오는 습을 굴뚝개자리로 흘러가게 하여 습으로 인한 감열을 방지하고, 함실에서 발생되는 열은 재래구들 형태로 흐르게 하여 원하는 난방이 되게 하고, 굴뚝으로 쉽게 빠지는 열을 아래 고래로 돌려 흘러가는 열을 축열하게 하는 구들을 말한다.

④ 복합구들 : 불을 때는 직불 난방 효과와 함께 방바닥에 온수관을 묻어 기존 난방에 연결하고 불을 때지 못할 때 난방을 하는 방법을 말한다. 또 아궁이에서 생산된 열을 여러 방법으로 동시에 사용할 수 있도록 하는 장치를 말하기도 한다.

⑤ 벽난로형 구들 : 거실에 벽난로를 설치하여 공기 난방을 하고, 굴뚝으로 바로 빠질 열을 방 밑으로 통과시켜 방을 데운 후 굴뚝으로 빠지도록 장치하는 방법이다.

⑥ 원형구들 : 원형의 집은 자동적으로 구들방이 원형이다. 고래 방법은 재래구들

과 같고, 구들장은 자연석 구들을 시공하는 것이 좋다.

⑦ 갈비구들 : 고래 모양이 갈비처럼 생겨 갈비구들이라 하였으며, 열효율이 높고 시공하기 쉬워 권장할 만한 구들이다(필자가 특허출원 중인 구들이기도 하다).

이 외에도 여러 가지 구들이 있다.

(2) 온돌의 종류와 난방기계

온돌의 종류

① 구들온돌 : 직불 난방으로 바닥의 돌을 데워 난방하는 방법이다.

② 온수온돌 : 기계를 이용하여 열을 생산하고, 바닥에 관을 깔아 온수를 공급하여 바닥을 데우는 방법이다.

③ 전기온돌 : 패널, 필름, 전선, 열선에 전기를 공급하여 바닥을 데우는 방법이다.

난방기계

① 온수온돌 난방기계 : 기름보일러, 가스보일러, 스팀보일러, 전기보일러, 태양열보일러, 펠릿보일러

② 대체에너지 : 태양에너지, 풍력에너지, 지열, 파도를 이용한 조력에너지

간이 난방 장치

① 난로 : 나무, 기름, 가스, 전기, 석탄, 연탄

② 라디에이터 : 물을 돌려 공기를 데우는 장치

③ 벽난로 : 서양식 공기 난방 방법

④ 코골 : 강원도 지방에서 방 모퉁이에 벽과 일체되게 작은 벽난로를 둔 것

⑤ 부섭 : 제주도 지방에서 방 중간에 화로를 만들어 매입하여 쓰는 것

02 침대형 구들방과 벽난로형 구들방

(1) 침대형 구들방

침대는 이동이 가능한 서양식 침구로, 전기장판이나 열선, 패널 등을 깔아 난방을 한다. 그런데 거동이 불편한 노인들에게는 높은 침대가 여간 불편한 게 아니다. 구들 방에서도 아랫목을 침대처럼 높여 사용할 수 있으니, 기능성 광물을 깔아 여러 가지 치료 효과를 보면서 노인이 아니더라도 따뜻한 벽에 등을 기대거나 걸터앉을 수 있 어 편리한 공간으로 활용할 수 있다.

(2) 벽난로형 구들방

▲ 하루방 벽난로

▲ 황토 벽난로

(3) 숯 구들방

고유가 시대를 맞아 여러 가지 난방 방법이 등장한 가운데 도심에서 구들방을 만들어 전기나 화석연료를 쓰지 않고 많은 연기를 내뿜지 않으면서 열효율이 높은 난방 방법이 있다. 불가마처럼 레일에 미니 대차를 올리고 숯이나 갈탄을 연료로 사용하면 열 소설이 가능하고 작은 방에 적합한 숯 구늘방을 만들 수 있다.

시공 방법

방 높이 400mm 정도에 폭 500mm, 레일 폭 300mm, 방 전체 길이의 2/3 정도 깊이로 대차 터널을 만든다. 레일은 습에 강한 앵글을 모로 세워 까는 것이 좋다. 대차 크기는 가로 400mm 길이 800mm로 하고, 전체 높이는 300mm, 산소 유입이 가능하도록 하고, 고래는 허튼고래로 한다. 고래 높이는 150mm 이내, 방바닥 전체 두께는 터널 위 중심 반경 1m 이내는 100mm, 날개 쪽은 50mm 정도, 굴뚝개자리는 300×300mm, 연통은 100mm로 처마보다 100mm 높게 설치한다.

(4) 코굴 벽난로

강원도 산간에서 방 구석에 조그맣게 난로를 만들어 쓰던 방법을 조금 더 편리하게 개선한 것이다.

준비물

적벽돌, 세라믹 몰타르, 재받이통, 그레이팅망(500×500mm), 솥뚜껑(500mm 이내), 댐퍼, 연통(200mm 이내), 산소흡입관

시공 방법

내경 800×800mm, 재받이 200mm, 화구 350×400mm, 화구 상부 턱에서 연도 입구까지 600mm로 만든다.

일반적으로 벽난로를 잘못 만들면 연기가 밖으로 많이 나오거나 불씨가 연통 밖으로 날려 화재 위험이 있고 열손실이 많이 난다. 벽난로는 수평 3단으로 지그재그로 올리는 방법이 있고, 수직으로 삼조식 정화조처럼 올라갔다 내려가서 나가는 방법이 있다. 연료로 마른 나뭇가지를 쓰지 않고 덜 마르거나 통나무를 때게 되면 좁은 공간에서 연기의 진행 속도가 더뎌져 연기가 내치게 된다. 연기가 잘 나가면서 빨리 따

뜻하게 하는 방법이 있는데, 불집 상부 연통이 올라가는 곳 150mm 아래 지점에 자동차 스프링 같은 강철을 깔고 그 위에 무쇠 솥뚜껑을 올려 불이 올라가면서 깨지고 재를 가라앉게 하며, 연통을 막는 댐퍼를 달아 열 차단 효과를 보게 하고, 화구 위로 나오는 연기를 흡수할 수 있는 코굴을 장치한다. 코가 내려온 것처럼 아래는 넓게 위는 좁게 하고, 아래 굴을 100mm 이내로 하고 연통 쪽은 100mm 이내로 댐퍼 위쪽에 두면서 화구 위턱보다 50~100mm 이내로 내려오게 하고, 측면도 100mm 이상 넓게 하여 연기를 흡수해 연통으로 빠지게 한다. 실내 벽난로는 산소흡입관이 꼭 필요하다.

03 21세기 구들과 복합난방 이야기

지금까지 구들방 하면 불을 때서 방바닥만 데우는 재래구들의 단순한 난방으로 알고 있으나, 익숙하게 사용해온 아궁이와 구들을 이용하여 여러 가지 방법으로 에너지 효율을 높일 수 있다.

우리나라는 사계절이 뚜렷하여 항상 다음 계절을 준비할 수 있는 좋은 여건을 가지고 있다. 예를 들어 가을에는 추운 겨울을 나기 위해 먹을 양식과 연료를 미리 준비해 왔으며, 봄에는 여름에 자라날 생물들을 위해 씨를 뿌리고 논밭을 일구거나 장마나 홍수에 대비하는 등 미리미리 다가오는 계절에 대한 준비를 할 수가 있다. 또한 일상생활에서도 환경의 변화에 따라 편안하게 몸을 쉴 수 있는 안식처를 미리 준비하였으니, 미리 준비하는 지혜를 갖춘다면 훨씬 더 편리함을 추구할 수 있을 것이다. 이러한 지혜들은 주로 생활 속에서 찾은 새로운 것들이 전수됨으로써 우리의 생활양식이 되어온 것이다.

한편 문명이 발전함에 따라 모든 것이 변화되고 현대화 되어가는 과정에서 모든 분야에 종사하는 사람들이 각기 새로운 개발을 멈추지 않고 계속 발전시켜 나감으로써 우리 인류는 항상 선진화된 기술과 환경 속에서 살 수 있는 혜택을 누리게 되었으니, 필자 또한 그 고마움을 조금이라도 표현하고 싶은 심정이다.

최초에 부싯돌을 이용해 불을 만들고, 자연 연료를 태워 발생하는 불과 열로 어둠을 밝히고 공간을 따뜻하게 하였으며 취사를 하였다. 이후 바닥을 데워 추운 겨울을 따뜻하게 날 수 있는 방법을 고안해냈으니, 자연 연료가 타면서 발생하는 열과 연기를 이용해 우리 몸을 치료하고 습기를 제거했을 뿐 아니라 곰팡이나 세균, 벌레들을 소독하고 몰아내는 등 불을 이용한 여러 가지 방식들이 면면히 이어져 내려왔다. 또한 연료가 타고 남은 부산물인 재는 냄새를 중화시키고 습기를 제거해주며 거름으로도 훌륭한 역할을 할 뿐 아니라, 잿물은 도자기 유약으로 활용되고 있다. 그러던 가운데 흩어져 사용했던 불들을 한쪽으로 모으는 방식으로 고안된 것이 오늘날 아궁이 방법이 아닐까 생각한다.

(1) 복합난방과 사용 방법

고유가 시대를 맞아 과연 어떤 물질로부터 에너지를 얻을 것이며, 또한 그 에너지를 어떻게 활용하고, 탄소 발생은 어떻게 줄일 것이냐가 전 세계적인 고민거리로 대두되고 있다. 이런 현실에서 우리가 어떻게 하면 저탄소 녹색성장에 동참할 수 있을까?

우리는 보통 구들방 하면 땔감을 때서 방만 데우는 방법에만 익숙해 있는데, 지나가는 열이나 이미 발생된 열을 다양한 방법으로 활용할 수 있으며, 또한 본인의 능력과 재능에 따라 생활에 필요한 에너지를 얼마든지 생산해낼 수 있다고 본다.

직불난방 위에 온수난방을 같이 시공하는 것을 복합난방이라고 한다. 방이 여러 개일 때 방 한 칸에는 직불난방 구들을 놓은 다음 그 위에 온수관을 깔고, 다른 방에는 온수난방을 설치하는데, 직불을 때지 못할 때는 온수난방으로 사용하고 직불을 때면서는 바닥에 깔린 온수관을 통해 기존 보일러에 온수를 공급하여 연료비를 줄이는 효과를 볼 수 있다.

기초 바닥에 습을 차단하는 장치를 하고 구들을 놓으면 고래가 다시 한 번 습을 차단하는 역할을 한다. 이중난방을 할 때는 마감선 40mm 남겨두고 초벌다짐을 잘 해야 하며, 구들장에 XL관이 닿지 않도록 해야 타지 않는다. 난방관을 깔 때는 은박지 호일을 깔고 와이어 메시를 깔아 난방관을 고정해야 원하는 위치에서 움직이지 않으며, 호일층은 열전도가 빨라 열에 취약한 곳까지 전도될 수 있어 습을 차단하면서 열을 전도하는 효과를 함께 기대할 수 있다. 만약 난방관 밑에 일반 단열재를 깔면 직불의 고열로 녹을 뿐 아니라 녹으면서 역겨운 냄새가 나게 된다.

이 밖에 다양하게 열을 이용하는 방법이 있는데, 다음과 같은 방법들을 활용할 수 있다.

첫째, 불을 때는 것 자체로 취사와 직불난방이 된다.

둘째, 함실 위에 스텐리스 물통을 설치하면 아궁이에서 방으로 지나는 불길이 물통의 물을 데우는데, 이 온수로 따뜻하게 설거지를 할 수 있다. 함실 위에 내화물을 깔고 물통을 올리는 것도 가능하지만 온도가 높이 올라가지 않기 때문에, 두꺼운 철판(10mm 이상)을 깔고 물통을 올리는 것이 좋다. 그러나 철판은 열에 팽창하기 때문에 넓은 면적으로 덮는 것보다 좁게 나누어서 덮는 것이 좋다. 물통의 1/3 정도만 깔려도 열전도가 가능하며, 철판은 바닥에 잘 고정시켜야 한다. 물통은 막 쓰는 물과 헹굼 물을 구분하여 한 칸은 크게 한 칸은 작게 두 칸을 만드는 것이 좋다. 깨끗한 물을 쓰려면 뚜껑이 필요하다. 간단한 방법으로 함실 옆에 항아리를 묻고 물을 채워두면 겨울에 미지근한 물을 쉽게 쓸 수 있다.

셋째, 아궁이에서 생산된 500도 이상 뜨거운 공기를 모아 별도의 공간에 공기난방을 할 수 있다. 부뚜막 함실 위에 두꺼운 철판이나 넓은 구들장을 놓고 열 저장 공간을 만드는데, 아래쪽은 100mm 이내의 흡입구를 내고 상부에는 흡입구보다 조금 큰 토출구를 내어 원하는 곳으로 유도하면 된다. 열 저장고나 유도로는 단열을 잘 하여 열손실이 없도록 한다.

넷째, 증기찜질과 건식사우나를 즐길 수 있다. 불이 지나가는 함실 위에 욕실을 만든다. 불을 때고 난 후 욕실 바닥에 물을 뿌리면 바닥에서 증기가 발생하여 증기찜질을 할 수 있고, 물을 붓지 않으면 건식사우나를 즐길 수 있다. 건식사우나 전용실을 만들고 기능성 돌소금, 일라이트, 옥자갈, 맥반석, 젤라이트, 토르마린 등 광물을 깔면 가정에서도 찜질방 못지않은 사우나를 즐길 수 있다.

다섯째, 구들방이 아닌 다른 방에 배관을 설치해 생산된 온수로 난방을 할 수 있다. 아궁이가 있는 구들방에 난방관을 깔고 난방을 원하는 다른 방과 연결하고 순환모터를 설치하면 방 한 칸은 충분히 데울 수 있다. 아궁이의 물통에서 온수 라인을 뽑아 기존 보일러 온수관에 연결하면, 부족한 열을 기존 보일러에서 보충할 수도 있다.

여섯째, 캡슐형 사우나 도크를 만들어 사용할 수 있다. 치료용이나 고열의 사우나를 즐기려면 함실 위 방 안 아랫목에 한 사람 정도 들어갈 수 있는 캡슐을 만들어 설치하면 되는데, 고정식과 이동식 모두 가능하다. 캡슐의 크기는 길이 1500mm, 넓이와 높이 700mm 정도면 적당하다. 캡슐 위는 평소 이불 등을 올려놓는 받침으로 사용할 수도 있다. 도크 안 바닥에 기능성 자재를 깔면 효과적이다.

▲ 열기통 설치

▲ 반신욕통

(2) 복합난방 설치에서 주의할 점

구들방 위에 XL관을 깔 때 와이어 메시에 고정하여 구들돌에 직접 닿지 않도록 해야 타지 않는다. XL관은 가격이 저렴한 대신 열전도가 늦고 직불에 약한 단점이 있지만, 동파이프는 열에 강하고 열전도가 좋은 대신

습에 약해 청녹이 피면서 산화되고 가격이 XL관의 7배 정도 된다. 일반적으로 무난한 재료는 XL관이라 생각한다. 난방관을 깔 때는 너무 많이 깔지 않아야 열을 효율적으로 쓸 수 있다. 관을 너무 많이 깔면 직불 효과도 못 보면서 바닥이 빨리 식는 경우도 생길 수 있다.

▲ 실패한 호스난방

(3) 따따시 온돌 효과

바닥 온수난방의 단점은 열전도력이 약해 난방관 부위만 따뜻하고 관과 관 사이는 열이 늦게 전달된다는 점이다. 따따시 온돌 패널은 난방관이 열을 받은 만큼 열전도력이 빨라 방이 골고루 따뜻하며 공간을 통해 열이 오래 체류한다. 에너지를 절감할 수 있는 제품이라 추천할 만하다.

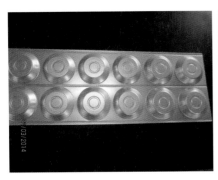 

04
바닥 종이 바르는 방법과 콩땜

자연 흙벽은 시공 후 6개월 정도 지나야 완전히 마르며, 구들방의 바닥은 2주일 정도 지나야 완전히 마르기 때문에 그 이전에는 도배를 피하는 것이 좋다. 마른 상태를 확인할 때는 바닥에 종이를 깔고 불을 때는데, 종이에 습이 묻어 나오면 덜 마른 것이므로 환기를 시키면서 충분히 말려야 한다.

바닥이 마르면서 수축현상이 발생해 바닥과 벽이 만나는 곳이 갈라지고 연기가 새어 나올 수 있다. 이곳은 나짐으로 충분히 맥질을 한 후 창호시로 구석 벽과 바닥을 한 뼘 정도 바른 뒤, 전체 초배지를 바르는 게 좋다. 이때 작은 모래까지 청소를 하는 게 좋으며, 바탕에 풀질을 잊어서는 안 된다. 또 바닥은 초배지만 먼저 바르고 어느 정도 사용하면서 건조와 수축이 다 된 후 마감장판을 까는 것이 좋다. 초배지를 바른 후에는 바닥 전체를 맥주병으로 문지르면서 모래와 흙 입자를 없애야 한다. 모래나 흙 입자가 있으면 아무리 좋은 장판이라 할지라도 시간이 가면서 좀이 먹은 것처럼 구멍이 생기게 되어 있다. 또한 종이 장판을 깔려면 방바닥에 습기가 없어야 한다. 습기가 있으면 곰팡이가 필 뿐 아니라 바닥에 장판이 붙지 않고 밀고 올라올 수 있다. 만약 습기가 올라오는 지역이라면 어느 정도 열기를 줘서 관리해야 한다.

한지 장판 시공 방법

준비물 : 운용지, 일명 똥종이, 공사용 풀, 오공본드(208), 한지 기름종이 장판

구들방은 벽과 바닥이 만나는 곳에 연기가 샐 수 있으니 사춤을 한 후 방바닥 마감 상태를 확인한다.

시멘트나 제조황토로 시공했을 때는 바닥 청소 후 초배지를 2회 이상 바른 후에 모래발이 서지 않도록 병으로 갈아내고 한지 장판을 깔면 된다.

자연황토로 시공했을 때는 바닥에 풀칠을 하게 되면 풀이 마르면서 흙이 장판에 붙어 일어날 수 있기 때문에, 부직포를 깔고 가장자리에 풀칠을 하여 고정한 뒤 부직포는 받침으로 두고, 초벌지와 초배지만 2회 이상 붙여 뜬장판 말기를 한다. 마지막 장판지는 초배지에 풀칠을 잘 하여 깔아주면 된다. 초배지를 바를 때는 방 가장자리에 300~400mm 정도 초배지를 잘라 1장 건너 1장 붙이는 방법으로 바닥에 잘 붙이고, 2차 초배지는 징검다리 초배지에만 풀칠을 하여 뜬 초배지로 방바닥에는 풀칠을 하지 않고 종이에만 풀칠한다. 모서리 부분은 2차 초배지를 150~200mm로 잘라 벽과 바닥에 2회 정도 바른 후 장판을 깐다.

① 바닥 청소를 깨끗이 한다.

② 바닥 띠를 운용지(600×1200) 폭대로 1차 바르고, 2차 종이를 절반 정도로 잘라 1차와 같은 방법으로 바르는데, 100mm 정도씩 간격을 띄우고 바른다(복판은 바르지 않는다).

③ 운용지의 테두리만 풀칠을 한 후 방 전체를 3겹 정도 바르는 것이 좋다.

④ 운용지를 바를 때는 벽 쪽을 20mm 이내로 올려 바른다. 모서리 부분은 접착을 돕기 위해 목공본드를 덧발라준다.

⑤ 사용할 기름종이 앞뒤 면에 물을 뿌리고, 기름종이 전체를 된 풀로 바른 다음 장과 장 사이를 50~60mm 겹치도록 붙이면서 넉 장이 겹치는 부분은 삼각형으로 겹치지 않게 자른 후 잘 눌러준다.

⑥ 굽도리 도배는 100mm 전후로 잘라 바르고, 연결 부위는 잘 눌러준다.

⑦ 자연건조로 말리되, 열건조는 약한 열로 말리고, 완전히 마른 뒤 사용한다.

⑧ 기름칠은 2~3개월 후에 콩기름을 칠하여 사용하는 것이 좋다.

※ 기름종이를 부착할 때는 바닥에 모래가 없도록 문지르고 종이는 물에 담갔다가 풀칠해야 종이가 유연해져 시공이 용이하다. 콩기름으로 칠을 할 때는 생콩기름으로 해야 오래간다.

※ 황토방 도배는 마감 후 완전 건조한 다음 기름종이를 바르는 것이 좋다. 바닥이 마르기 전에 도배를 하면 곰팡이가 피기 쉽다. 초배 상태로 최소 3~6개월 후에 도배하는 것이 좋다.

※ 뜬 장판 붙이기 : 종이를 바닥에 고정하지 않고 종이와 종이 모서리에만 풀을 발라 바르고, 벽과 만나는 갓도리만 연결하는 방법으로 도배를 하면 서로 잡아당기는 힘에 의해 바닥이 평평해진다.

부직포 붙이는 방법

순황토로 재벌 마감된 상태에서 60~70% 건조된 이후에 황토 분말로 균열 공간을 손으로 문질러 메우고 물 뿌림을 한 다음 점성이 좋은 흙 노리를 만들어 골고루 바른

▲ 부직포 붙이기

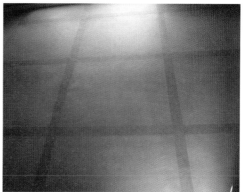
▲ 한지 장판

다. 부직포를 깔기 좋은 700~800mm 크기로 재단하여 30mm 정도 겹치도록 깔아 나온다. 부직포를 평탄하게 바르고 부직포 위에 흙 노리를 뿌리면서 도포하며 잘 눌러준다. 마감 도배는 완전히 건조된 후 초배지나 기름종이를 바른 뒤 한다.

05
기능성 자재와 사용 방법

(1) 맥반석

맥반석은 옛날부터 피부병에 특효가 있다고 알려진 약석으로, 한방 본초학 경전인 『본초도경』과 『본초강목』에 그 효능이 자세히 수록되어 있다. 우리 조상들은 맥반석으로 음식이 잘 변하지 않는 신비의 도자기를 만들어 궁중에서 사용하였다고 한다. 최근 우리나라와 일본에서는 맥반석에 대한 연구가 매우 활발하여 원예, 정수기, 양어, 화장품, 건축자재, 도자기 등 다방면에서 응용하여 사용하고 있다.

최근 환경오염이 갈수록 심각하여 유기농업을 어렵게 하고 있다. 맥반석은 미네랄을 용출하고 수질을 개선하며, 산도(Ph)를 조절하고 산소 용출로 미생물 증식을 촉진하며, 토양의 잔류 농약 성분을 신속히 분해시켜 토양을 개량하므로 유기농업에 꼭 필요한 자재라 하겠다. 특히 맥반석을 밑거름으로 사용하고 맥반석 발효액을 살포하면 뿌리의 활착이 좋아지고 질소 과다 해소로 도장이 억제되어 작물이 튼튼하게 자라며 병충해에 강해진다.

맥반석의 작용

미네랄은 식물이 자라는 데 소량 필요하지만 양분 조절, 생장, 개화, 당도 증진 등 매우 중요한 역할을 한다. 연작을 하는 토양은 미량 요소 결핍이 생기기 쉬운데, 맥반석은 수십 종의 미네랄을 함유하고 있어서 미량 요소 결핍 예방 및 연작 장애 극복에 좋다. 맥반석을 토양에 뿌리면 수분과 접촉하면서 산소가 용출되어 토양 미생물을 증식시키고 양분 분해를 촉진시키며 공기의 유통을 개선해 뿌리 발육이 잘 된다.

맥반석은 알칼리성으로 토양에 뿌리면 중성에서 약알칼리성으로 토양을 개선시키며, 또한 다공성 구조에 규산과 산화알루미늄이 주성분으로 잔류 농약 성분과 화학비료, 오염물질을 신속히 분해시켜 토양을 개량시켜 준다. 특히 비료로 쓸 때는 맥반석의 주요 성분 중 일라이트가 가장 큰 역할을 하는데, 이 일라이트는 비표면적이 큰 미립 물질로 화학적 활성이 우수하다. 이러한 특성 때문에 유용한 미네랄 성분의 용출 작용과 유해물질의 흡착 작용, 높은 이온 교환성, 산 및 염기의 중화 작용 등 중요한 역할을 하게 된다.

일라이트 맥반석의 사용 효과

① 뿌리 발육 촉진 및 도장 억제로 식물이 튼튼하게 자람

② 과일 및 과채류의 낙과, 열과, 곡과 억제

③ 과일의 결실과 비대 촉진

④ 골분과 사용 시 색상을 선명하게 하고, 맛·향·당도를 증진시키며 저장성을 향상

⑤ 엽채류와 근채류의 수확량 증가, 신선도 오래 유지(특히 한여름 상추, 고랭지배추, 시금치 등에 매우 효과가 좋음)

⑥ 질소 과다 해소, 생식·생장 및 화아 분화 촉진

⑦ 고온, 냉해 등 이상 기후에 매우 강해짐

일라이트 맥반석 사용 방법

① 묘종, 묘판에 사용할 때

씨앗을 물에 불려서 맥반석을 묻혀 파종하면 발아가 촉진된다. 상토 1톤당 맥반석 40~50kg을 혼합하여 사용하든지 10평당 맥반석 5~10kg을 뿌린 후 파종하면 발아·발근이 촉진되고 묘가 매우 튼튼해진다. 물을 줄 때 맥반석 500~1,000배액을 물에 타면 더욱 효과적이다.

② 밑거름으로 사용할 때

단보(약 300평)당 150~200kg을 뿌린 후 로타리를 친다. 연작이 심한 땅은 200~300kg을 사용한다. 이랑을 만들고 정식할 곳에 직접 뿌리고 심으면 활착이 더욱 빠르다.

③ 추가비료로 사용할 때

단보당 40~60kg을 뿌리고 흙과 고르게 혼합하면서 평편하게 고른 후 관수한다. 장마 직전, 수확 중기 등에 뿌리면 도장 억제, 수확 연장, 낙과 억제 등에 효과가 좋다.

일라이트 맥반석 성분표			
무수규산	79.3%	산화알루미늄	13.4%
산화제2철	1.71%	산화칼슘	0.33%
산화마그네슘	0.17%	산화칼륨	3.52%
산화나트륨	0.31%	산화티타늄	0.04%
기타 아연, 주석, 은, 구리, 니켈, 등 미량 요소를 함유하고 있다.			

(2) 게르마늄

우리 인간은 살아가기 위해서 음식물을 먹는다. 흡수되지 않은 것은 대변으로 배설되지만 소화기관에서 흡수된 것은 여러 과정을 거치면서 산소에 의해 체내에서 연소되며, 최후로 탄산가스와 물이 되어 체외로 배설된다. 즉 가스 상태의 탄소는 산소와 결합하여 탄산가스로 몸 밖으로 나오며, 또 하나의 가스인 수소 이온은 산소와 결합하여 땀이나 소변으로 배설된다. 이때의 수소는 양이온으로 생체 내에서는 전혀 쓸모가 없으며 오히려 해가 될 뿐이다. 이 수소가 많은 경우가 산성이며, 이 척도를 pH라고 한다. 이 수소 이온은 신체를 산성화시켜 모든 병의 원인이 되는데, 이 수소 이온을 중화시키는 것이 산소다.

수소에 산소가 결합되면 물이 되어 몸 밖으로 배설되는데, 수소의 양이 많을수록 중화에 필요한 산소의 양도 많아야 한다. 이런 경우 게르마늄을 투여하면 산소 대신 수소와 결합하여 배설되기 때문에 몸 안 산소의 낭비가 적어져 기능 회복, 세포 수복 등 건강에 절대적으로 필요한 역할을 하게 되는 것이다. 게르마늄은 20~30시간 안에 소변을 통해 배설되어 몸 안에서 흔적조차 없이 사라져버리는데, 이것으로 보아도 부작용은 전혀 염려할 필요가 없다. 이처럼 게르마늄은 온갖 유해물질을 몸 밖으로 배출시키는 일 말고도 이미 산성화된 노폐물을 다시 알칼리화 시키며 대사활동을 촉진하여 유전자와 생명 현상에 막대한 영향을 주게 된다.

생명의 블랙박스

우리의 몸 안에는 천하의 명의가 전세 들어 살고 있다. '생명'이라는 이름의 단골 의사다. 단골이기 때문에 우리 몸의 구석구석까지 손바닥 들여다보듯 알고 있다. 명의는 각자 나름의 노하우가 있으며 어떻게 할 것인지는 그 사람만이 알고 있기 때문에 그것을 블랙박스라고도 한다. 다만 분명한 것은 우리의 몸에 이로운 일을 해준다는 것으로, 그것을 자연치유력이라고 한다.

발생기의 산소

일반적으로 우리들은 약품에 대한 의존이 너무나 커서 만병통치약을 찾는 경향마

저 있다. 때문에 즉시 효과가 나타나지 않으면 약효가 없다고 약품 자체를 탓하지만, 약품이란 앞에서 설명한 자연치유력을 도와주는 역할밖에 할 수 없다. 유기게르마늄 역시 마찬가지다. 그러나 게르마늄은 약이라는 단계를 한 걸음 넘어선 것이다. 우리 몸 안의 명의는 게르마늄에게 2가지 임무를 부여하고 있다.

첫째는 유기게르마늄이 함유하고 있는 산소를 세포 안에서 방출하도록 명령한 것이며, 이것을 발생기의 산소라고 한다. 보통 산소는 통상적인 상태에서는 분자 O_2의 형태로 존재하지만 다른 물질과 결합할 때는 원자 O의 형태가 된다. 유기게르마늄은 말하자면 이 살아있는 산소를 기다리고 있는 빈사 직전의 세포를 부활시켜 대사활동이라는 세포 내 화학반응을 활성화시킨다. 그렇게 되면 몸 안의 세포는 본래의 기능을 되찾아 싱싱하게 작용하게 되며, 결과적으로 온몸의 컨디션이 호전되어 모든 불건강 상태가 근본적으로 개선된다. 모든 병적 상태의 근본 원인은 세포의 산소 부족에 있는 만큼, 그것이 해소된 이상 근본적으로 개선되는 것은 당연한 귀결이다.

우리들의 생명활동은 유전자 DNA에 의해서 좌우된다. 우리들의 육체는 대단히 복잡하며 또 고도의 생산 공정을 갖춘 세포합성화학공입회사와 같은데, DNA는 이 화학공장의 관리 책임자 격이다. 그리고 이 DNA의 지시를 받아 현장주임 역을 하는 것이 효소다. 때때로 DNA와 효소의 연계작전이 제대로 이루어지지 않을 때가 있다.

처음의 발단은 DNA가 내보내는 유전자 정보의 오발이다. 그렇게 되면 세포의 분열 과정에서 세포복제가 부분적으로 뒤틀리게 되어 공장에서는 규격품이 아닌 불량품이 생산되는데, 이 규격품 아닌 이상 세포는 아미노산의 연결 방법이 다른 이상한 단백질을 만들어 결함 효소가 생산된다. 이렇게 되면 세포화학공장의 통제시스템이 엉망이 되는데, 그것은 암일 수도 있고 교원병 같은 난치병일 수도 있다. 현재 암에 대한 결정적인 치료법은 없다. 그밖에 고혈압증, 뇌경색, 심근경색, 당뇨병 등 난치병에 대한 완전한 대책도 유감스럽지만 확립되어 있지 않다. 그 요구에 부응할 수 있는 것이 신비의 원소인 게르마늄이다.

산의 바탕은 산소가 아니고 수소, 좀 더 정확하게 말하면 수소 이온이다. 수소 이온은 체내에서 쓸모가 전혀 없는 가스에 불과하지만 그것이 정도 이상으로 축적되면 체질이 산성화되며 컨디션을 무너뜨리는 계기가 된다. 이 불필요한 가스를 청소하는 데 산소가 필요하다. 산소는 필요 없는 수소 이온과 결합하여 중성인 물이 되어 몸 밖으로 배설되는데, 유기게르마늄은 그것을 위한 산소를 공급하는 셈이다.

이 수소이온을 제거하는 작용을 탈수소작용이라고 하는데, 유기게르마늄은 그 분자 내에 함유하고 있는 산소로 탈수소작용을 하는 것 말고도 게르마늄 원소 그 자체가 산소의 대용이 된다. 그것은 소변 속에서 발견되는 수산기와 결합된 게르마늄을 보아도 알 수 있다. 또 유기게르마늄이 암에 특효가 있는 것은 다름 아닌 이 탈수소 능력이 암 특유의 나쁜 액체를 정화시켜 주기 때문이다.

게르마늄을 양성 원소라고 하며 전기적으로 반도체라는 사실은 생리적으로는 무척이나 다행스런 일이다. 그것은 세포가 반도체의 성질을 갖고 있기 때문에 게르마늄이 세포의 전위와 전류를 조정해주기 때문으로, 이것이 온몸의 컨디션을 조정해주는 작용을 한다. 간뇌 시상하부의 자율신경이나 호르몬의 불균형이 원인인 갱년기 자율신경실조증, 현대병의 대표선수격인 '우울증'은 게르마늄의 컨디션 조절 작용으로 개선시킬 수 있다. 또 하나 게르마늄이 지닌 신비한 작용 중 하나는 수은이나 카드뮴 같은 유해한 중금속을 길동무 삼아 동반해서 체외로 배설시켜 주는 역할이다.

자연치유력을 높인다

내복이든 주사든 약품이 목적한 효과를 발휘하기 위해서는 먼저 그 약이 흡수되어 목적한 세포나 조직까지 도달하는 것이 중요하다. 흡수의 속도는 약의 성상이나 투여 방법에도 좌우되지만 내복보다는 피하주사, 피하주사보다는 정맥주사 쪽이 빠르다는 것이 정설이며, 또 같은 내복이라도 알이 굵은 결정체보다는 미세한 분말의 흡수 속도가 빠르다. 다음으로 흡수된 약이 세포에 도달하여 효력을 발휘하기 위해서는 침투성이 있어야 하며, 침투성을 지니기 위해서는 용해성이 있어야만 한다. 용해되어야 비로소 혈액 속에 섞이게 되며 체내에 분포되는 것이다.

흡수된 약은 체내, 특히 간장에서 활발한 화학변화를 일으킨다. 이 변화를 대사라고 한다. 약품은 아무리 그 성분이 좋더라도 생체의 입장에서는 이물질이다. 따라서 간장에서 대사되어 비로소 작용이 완화되며, 물에 용해되기 쉽고 배설되기 쉬운 물질로 변화된다. 이것은 생체의 입장에는 이물질인 약을 무독화해서 가능한 빨리 체외로 배설시키기 위한 거의 본능적인 일종의 방어기능이다. 여기서 유의할 것은 약에 따라서는 대사에서 생긴 물질이 유해물로서 부작용의 원인이 될 수 있다는 사실이다.

여하간 이렇듯 흡수된 약은 일부가 체내에서 화학변화를 일으켜 다른 물질로 변하고, 또 일부는 목적한 본래의 약으로서의 역할을 하고 난 다음 몸 밖으로 배설되는데, 바람직하진 못하나 일부는 간장이나 비장, 혹은 다른 조직에 침착해서 몸 안에 오랫동안 잔류하여 부작용의 원인이 되는 일이 있다.

이 같은 약의 흡수, 분포대사, 배설을 일반약리작용이라고 하는데, 게르마늄의 일반약리실험 결과는 흡수, 배설 모두 그 속도가 빨라 체내 잔류는 거의 없었다. 즉 두여 후 재빨리 각 장기에 골고루 분포되어 그 역할을 다하고 난 다음 3시간 만에 90%가 소변으로 배설되었으며, 12시간 후에는 거의 잔류 분을 찾아볼 수 없었다. 이것으로 보아 게르마늄은 체내에 축적되어 부작용을 일으킬 염려가 전혀 없다는 결론이다. 또 동물실험 결과 게르마늄은 건강한 동물에 대해서는 어떤 약리작용도 나타내지 않았지만 병변이 있는 동물에 대해서는 치유 촉진 작용을 나타냈다. 이 점이 게르마늄의 생물학적 특성으로 후술하는 혈압 강하 작용, 면역 조절 작용, 인터페론 유발 작용, 항암 작용과 관계있는 것으로 생각된다.

게르마늄과 면역 조절 작용

질병 치료 방법은 크게 두 가지로 나눌 수 있다. 그 하나는 병원체나 조직에 직접 약물을 작용시키는 서양의학적 방법이고, 다른 하나는 생체의 저항력을 높이거나 노화에 의해 저하된 면역기능을 높여주거나 항진된 기능을 억제시켜 면역 조절의 뒤틀림을 정상으로 되돌림으로써 질병을 치료하려는 동양의학적 발상에 기인한 방법이다.

암이나 난치성 각종 질환의 원인은 아직 분명하게 밝혀지지는 않았지만, 조금씩 밝혀진 바에 의하면 이들 질병도 다른 질병과 마찬가지로 환자에게서 면역 이상 혹은 면역 반응의 저하가 나타나는 것으로 보아 면역 이상 여부가 질병의 발생과 항진에 관계가 있지 않느냐는 견해가 대두되고 있다. 그 좋은 예가 최근 문제가 되고 있는 AIDS다.

그래서 최근엔 암 치료에도 면역요법이 응용되기에 이르러 면역 이상을 시정하거나 면역반응의 저하를 항진시키는 치료법이 주목을 끌고 있다. 소위 면역 조절 요법인데, 이 요법에 쓰이는 약이 면역 조절제로, 이 분야에 관한 기초 연구에서 게르마늄에 면역 조절 작용이 있는 것이 밝혀졌으며, 그것도 항암 효과와의 관계를 시사하는 보고가 있다.

실험은 일군의 마우스를 생후 5~8주, 13주~18주, 30~40주 군으로 나누고 여기에 항원으로서 소량의 SRBC를 써서 면역과 동시에 게르마늄을 투여한 다음 4일 후 마우스의 비장 세포를 꺼내 PFC를 측정해서 검토하는 방법이다. 그 결과 정상적인 면역 반응을 나타내는 것으로 생각되는 생후 5~8주의 어린 마우스에서는 게르마늄을 투여해도 PFC의 증가는커녕 오히려 감소 현상조차 나타났다. 게르마늄이 전혀 듣지 않았다는 결론이다. 그러나 면역반응이 심하게 저하된 생후 30~40주의 노령화된 마우스 군에서는 게르마늄을 전혀 투여하지 않은 대조군에 비해 거의 배에 가까운 PFC의 증가를 보여 면역 반응의 회복을 분명하게 나타냈다. 이것으로 보아도 게르마늄은 단순한 면역 강화제가 아니고 면역 반응이 지나치게 높은 것은 내려주고, 저하된 것은 항진시켜주는 면역 조절제 역할을 하고 있는 것을 알 수 있다.

현재 면역 조절제로는 Levamisole, Penicillamine, Sodium Aurothiomalate 등이 있으나 가장 널리 쓰이는 것이 Levamisole이다. 그러나 Levamisole은 무과립구증같은 부작용이 심하다는 문제가 있다. 무과립구증이란 백혈구가 감소되고, 임파구는 볼 수 있으나 과립구가 거의 소실되며, 그 때문에 세균 감염에 대한 저항이 약화되어 먼저 인후에 염증을 일으켜 고열과 통증을 수반하는 질병이다. 게르마늄은 Lev-amisole 같은 부작용이 전혀 없으며 면역 능력이 항진되면 그만큼 암에 효과가 있어 여러 병발증도 예방하게 되니 암 이외의 분야에서도 장래가 기대되는 약물이다.

명현 반응에 대하여

명현이란 일종의 치유 반응 현상이다. 나아지고 있다는 반증인 것이다. 게르마늄 복용자의 이해를 돕기 위해 명현에 대하여 설명하겠다. 간장, 신장, 위장, 췌장 등에 이상이 있는 사람, 알레르기성 체질(천식, 두드러기), 변비, 류머티즘, 통풍, 당뇨 등에 명현 현상이 잘 나타난다.

명현이 생기는 것은 게르마늄을 복용한 결과로, 몸 속의 모든 독소가 분해되거나 혹은 독소의 이동 현상이 시작되어 지금까지와는 다른 상태가 되었기 때문이다. 예를 들어 당뇨병 환자는 갑자기 많은 양의 당이 나오며, 류머티즘 환자의 경우 일시적인 통증이긴 하나 지금까지보다 더한 통증이 오는 일이 있다. 또 독소가 이동하기 때문에 아무렇지도 않던 부분에 통증이 오거나 가려움증이 오는 일도 있다. 그러나 이런 상태는 짧으면 3일에서 길어야 2~3주면 끝난다. 이 기간의 차이는 식품의 섭취 방법이나 양, 마음가짐, 게르마늄의 복용량 등에 따른 차이다.

명현이 생겨도 그것은 부작용이 아닌 만큼 게르마늄의 복용을 중지해서는 안 된다. 명현이 생겼다는 것은 게르마늄 복용의 효과가 나타난 것으로, 여기서 복용을 중단한다는 것은 마치 치병을 중간에서 포기하는 것과 같다.

(3) 일라이트

일라이트라는 광물은 수화운모, 수화백운모, 함수일라이트, 함수운모, K-운모, 운모질점토 및 견운모 등으로 알려져 있으나 광물학자들을 제외하고는 견운모라는 용어를 더 많이 사용한다.

일라이트는 1937년 미국 일리노이주립대학의 Grim 박사 등이 처음 발견했으며, 그 지방의 이름을 따서 일라이트라는 이름을 붙였다. 전 세계적으로도 희귀한 광석인 일라이트는 미국, 캐나다, 호주 등에 소량 분포하며, 우리나라에서 일라이트가 매장된 곳은 충북 영동의 한 광산이 유일하다고 한다. 발견된 역사가 짧고 희귀하여 지금까지는 잘 알려지지 않은 광물이나, 일반적으로는 견운모 등으로 알려져 있다.

일라이트의 주요 효능

일라이트는 중금속 및 유독가스에 대한 우수한 흡착 탈취 분해력, 상온에서의 높은 원적외선 방사와 음이온 발생 능력, 항균성과 항바이러스 능력 등이 인정되었으며, 이외에도 동물 체내에서 비특이적인 면역력을 강화시키고, 특정한 질병에 대해 치유 효과를 나타내기도 하며, 생육을 촉진하는 특성 등이 연구되었다.

일라이트의 특성

환경 분야

① 물 속의 부유 물질을 흡착하고, 음이온을 띠기 때문에 양이온의 부유 미립자와 전기적인 중화로 응집 침전을 유발하여 물을 깨끗하게 한다.
② 특정 방사성 물질에 대한 흡착 분해 능력이 뛰어나다.
③ 물, 토양, 대기 중에서 각종 중금속 및 유독가스를 흡착 탈취 분해한다.

④ 수중에서 다량의 용존산소를 발산하며, 물 분자를 활성화한다.

⑤ 토양의 지력을 향상시키고, 뿌리의 활착을 좋게 한다.

산업 분야

① 일라이트는 자체에서 음이온을 다량 발생하고, 상온(40℃)에서 93%의 원적외선을 방사할 뿐 아니라, 바이러스와 박테리아, 곰팡이 등의 정균 작용을 한다.

② 자체 함수 기능으로 보습 효과가 크고, 자외선에 대한 저항력이 있다.

③ 축열과 단열 기능이 있으며, 열전도율이 낮아 열에 안정성을 갖는다.

④ 체감온도를 5℃ 이상 향상시키며, 제반 독소를 효과적으로 제거한다.

⑤ 탄성이 좋고 덩어리 지지 않으므로 부착성이 뛰어나다.

⑥ 유독가스를 흡착 탈취 분해하며, 내화성·불연성·불염성이 좋다.

미용 건강 분야

① 나층 구조의 밝은 반투명 판상에 박편이므로 피부에서의 퍼짐성이 좋다.

② 피부에 묻어있는 각종 중금속, 유기물질, 독성물질 등을 흡착 분해한다.

③ 자체 함수 기능으로 보습 효과가 크고, 자외선에 대한 저항력이 있다.

④ 피부 주위의 바이러스와 박테리아, 곰팡이 등의 정균 작용을 한다.

⑤ 일라이트 원적외선을 받으면 발한 작용으로 노폐물과 과잉 염분 등이 밀려나오면서 피하 심부로부터 닦아내므로 몸 속의 각 기관들과 피부가 깨끗하게 된다.

성인병 및 생활건강 분야

① 세포를 활성화시키고, 면역을 증강시키며, 상온(40℃)에서 93%의 원적외선을 방사한다.

② 원적외선은 전신의 미온적인 자극을 주어 혈관을 확장하고 혈액순환을 양호하

게 하며, 노폐물을 배출함으로써 혈액을 알칼리성으로 전환시킨다.

③ 일라이트 세라믹은 인체에 유익한 파장대의 원적외선 방사체이므로 인체 깊숙이 흡수되어 말초 모세혈관 운동을 강화하므로 혈액순환이 촉진되고, 세포의 활동이 활성화되어 고혈압, 치질, 만성피로 등 성인병을 예방한다.

④ 일라이트 세라믹의 흡착 특성에 의해서 냄새 제거, 습도 조절, 공기 정화, 곰팡이 서식 방지, 해충 퇴치 등의 효과가 뛰어나 쾌적한 주거환경을 창조한다.

일라이트의 응용

일라이트는 폐수 처리를 비롯한 환경 분야, 양식장이나 가축들의 사료 보조제, 논밭·과수원이나 비닐하우스의 토양 개량제, 정수용, 제지·섬유·의약품·비누·화장품 등 매우 넓은 분야에 활용되고 있다. 특히 견운모는 위생도기, 내화물, 타일, 도자기 등에 사용되고 있으며, 최근에는 바이오 세라믹의 원료로도 쓰인다. 선진국의 경우 견운모 수요는 지속적으로 증가하고 있다.

한편 황토가 인체에 매우 유용하지만 그 자체의 정화나 회복 능력이 적으므로 황토와 일라이트를 혼합하여 응용한다면 황토의 효능을 적극 살릴 수 있음은 물론 친환경 기능을 겸비한 천연 자재로서 널리 인정을 받을 수 있을 것이다.

(4) 피톤치드

피톤치드는 수목이 해충이나 미생물로부터 자기를 방어하기 위해 내뿜는 물질이다. 흔히 산림욕 물질이라고 불린다. 피톤치드가 주목받는 것은 진정 작용과 쾌적 작용 등 일반적으로 알려진 숲의 효과뿐만 아니라 강력한 공기 정화력과 항균력을 지니고 있기 때문이다. 우리의 생활환경이 화학물질과 유해물질의 폐해에 심각하게 노출될수록 천연 공기 정화 물질인 피톤치드에 대한 관심은 높아지고 있다.

피톤치드 시공이란

천연 피톤치드 성분을 다공 구조의 초미세 캡슐에 담아 건축 마감재 위에 코팅하여 피톤치드 성분이 실내에 지속적으로 방출되도록 함으로써 공기의 질을 숲속과 유사한 상태로 전환시켜주는 방식이다. 캡슐 표면의 구멍을 통해 산림욕 물질인 피톤치드가 꾸준히 흘러나오면서 포름알데히드를 분해하고 산림욕 효과까지도 제공한다.

피톤치드 시공의 특징

① 촉매가 아니기 때문에 빛 등의 외부조건에 관계없이 효능을 발휘한다.
② 벽지나 붙박이장, 가구 등 마감재 위에 도포하므로 간편하게 시공할 수 있다.
③ 시공 즉시 개선된 실내 공기를 바로 확인할 수 있다.
④ 신축 건물에는 새집증후군용으로, 기존 주택에는 삼림욕 효과를 위해 활용된다.

피톤치드 시공 후의 효과

① 새집의 대표적 유독물질인 포름알데히드를 95% 이상 줄여준다.
② 아토피, 천식, 알레르기의 주원인인 집먼지진드기의 생육을 억제한다.
③ 라지오넬라균, 포도상구균 등 각종 균과 바이러스에 강력한 항균 작용을 한다.
④ 뛰어난 탈취 기능으로 실내의 생활 악취 제거에 효과적이다.
⑤ 스트레스호르몬 감소, 쾌적 작용 등 다양한 산림욕 효과를 제공한다.

히노끼(편백나무) 탕의 효능

히노끼탕의 특징은 편백나무 원목에서 뿜어져 나오는 피톤치드 향 때문에 산림욕을 하면서 목욕을 즐길 수 있다. 히노끼탕을 즐기기 위해서는 편백나무 원목으로 탕을 만드는 방법과 탕 속에 토막을 낸 편백나무를 집어넣는 방법, 편백나무에서 추출한 피톤치드 추출물(10%)을 탕 속에 넣는 방법이 있다. 정신적인 안정은 물론 피로 회복에 탁월하며, 피부트러블 개선 등 호흡기 계통과 피부에 도움을 준다.

(5) 토르마린

토르마린은 6각 주상형의 결정을 갖는 붕규산염으로 육방정계에 속하는 천연광물이다. 토르마린 결정 자체가 전기를 발생하는 특성을 지녀 전기석이라는 별칭을 갖고 있다. 토르마린은 지구상에 존재하는 광물 중에서 유일하게 영구적인 전기 특성을 가지고 있다. 그래서 극성결정체라고도 불린다. 이 광석에서는 음이온과 미약 전류, 원적외선이 생성되는데, 세계적인 대학과 연구소에서 활발하게 연구가 진행되고 있는 획기적인 신물질이다.

토르마린의 기능과 효과

인체 모세혈관을 크게 하여 혈액순환을 촉진하고, 세포 및 신진대사, 위장 운동을 활성화하며, 온열 효과로 피로 회복을 촉진하고, 신경통·기미·냉대하 등에 효능이 있다. 또한 항산화 작용과 0.06A의 미약 전류가 흘러 발생하는 음이온과 원적외선 상승효과에 따라 노화의 원인인 유해한 활성산소를 분해하고 신체를 알칼리화하며, 두통과 얼굴 축소, 다이어트에 큰 효과가 있다는 연구 결과가 나와 있다.

토르마린을 물에 넣으면 물이 약알칼리성으로 변화하며, 수돗물의 염소 냄새를 없앨 뿐 아니라 노후한 배수관의 녹을 제거하고, 세정력이 좋은 물로 변화하여 세제 사용을 줄일 수 있으며, 배수구 냄새를 현저히 감소시킨다.

(6) 숯

숯은 산화, 즉 부패를 막는 탄소의 강력한 환원작용과 에너지 상승작용을 가지고 있다. 숯 1g의 내부 표면적은 약 90평(300m²)에 이른다고 하는데, 이를 통해 정화 · 여과 · 해독 · 습도조절 등의 작용을 하여 생명력을 건강하게 유지시켜 준다. 따라서 이러한 강력한 환원력과 산화 방지력을 인간의 인체에 이용한다면 건강 유지에 크게 도움이 될 것이다.

숯의 효능

① 부패를 막아준다. 옛날부터 간장독이나 된장독, 무덤 등에 다량의 숯을 넣었는데, 이는 숯에 생물체의 산화작용을 막아 부패를 방지하는 효과가 있기 때문이다.

② 공기와 물을 정화시킨다. 숯은 고성능 필터로, 오염된 공기나 물도 숯만 있으면 놀랍게 깨끗해진다. 물에 숯을 넣어두면 물이 부드러워지고 깨끗해진다. 숯에 이러한 강력한 정화 및 정수력이 있는 것은 숯이 다양한 미생물의 서식 공간을 제공하기 때문이다.

③ 냄새를 제서하고 색살을 희게 한다. 숯 안의 미세한 구멍들은 각종 냄새를 흡수하고 냄새의 요인이 되는 양전자를 흡착하므로 냄새를 제거하는 탁월한 능력이 있다. 우리가 일상에서 사용하는 설탕과 식용유 등은 전부 숯(활성탄소)으로 정제된 것이다. 또한 화장품의 팩이나 크림에 숯가루를 섞어 사용하면 뛰어난 효과를 얻을 수 있다.

④ 공기를 맑게 하는 음이온을 공급하며, 습도를 조절해준다. 숯은 공기를 맑게 하고 모든 생명활동을 돕는 음이온을 공급해준다. 실내에 숯을 놓아두거나 냄새나는 곳에 넣어두는 방법으로 음이온을 공급할 수 있다. 또한 숯은 습기가 많을 때 흡수하고 건조할 때 수분을 방출해서 실내의 습도를 자연적으로 조절해준다

⑤ 원적외선 효과로 따뜻하고 쾌적하게 해준다. 숯은 인간의 몸을 따뜻하게 해준

다. 이것이 원적외선 효과다. 침대 매트 밑이나 밑바닥에 넣으면 좋고, 방석 또는 베게에 넣어도 좋은 효과(코골이 방지)를 얻을 수 있다.

⑥ 전자파를 흡수한다. 숯을 TV, 전자레인지, 컴퓨터 등의 옆이나 위에 놓아두면 전자파가 모두 흡수된다.

숯의 종류

① 흑탄 : 가마 안의 공기를 차단시켜 천천히 식힌 숯으로 400℃ 정도의 저온에서 구워낸 숯이다.

② 백탄 : 800℃ 이상의 고온에서 탄화시킨 후 가마에서 꺼내 젖은 잿가루로 덮어 갑자기 식혀서 만드는 숯으로, 약알칼리성을 띠며 경도가 강한 양질의 숯이다.

③ 활성탄 : 숯이 가지고 있는 기공과 표면적을 더욱 많게 하기 위해서 백탄을 굽는 정련 과정을 한 차례 더 반복하여 숯의 고유 기능을 강화시킨 숯이다.

숯의 이용

① 수돗물의 정수

숯을 물통 속에 넣어두면 몸에 해로운 수돗물의 잔류 성분이 깨끗이 제거되면서 물맛이 좋고 잘 변질되지 않으며 물이 알칼리성으로 되어 몸의 산성화를 막아준다. 숯은 반복적으로 사용할 수 있는데, 사용 전 숯 겉면을 물에 씻어 말린 다음 사용하고, 10번 정도 사용한 후에 다시 말려서 사용한다. 물 1리터를 기준으로 할 때 20g짜리 한두 토막이면 된다.

② 공기 정화와 탈취

1평당 1kg 정도의 숯을 천에 싸서 대바구니나 항아리 등에 넣어두면 오염된 공기가 놀랄 만큼 정화되며, 화장실이나 신발장, 냉장고, 씽크대, 배수구 등에 숯을 놓아두면 냄새가 나지 않는다. 또한 바퀴벌레, 개미, 모기 등도 생기지 않는 효과까지 거둘 수 있고, 그 효과는 영구적이다.

③ 채소와 과일의 신선도 유지

채소, 과일, 꽃은 스스로 에틸렌 가스를 발생하는데, 이 에틸렌 가스는 본래 식물의 성숙, 낙엽, 개화, 흡수 작용을 촉진하는 호르몬으로, 숯은 이 에틸렌 가스를 흡착하여 채소나 과일의 선도를 오래도록 유지시킨다. 그러므로 냉장고 바닥에 숯을 놓아두고 신문지 등으로 덮은 후 그 위에 채소나 과일을 넣어두면 오래도록 신선함이 유지되면서 냉장고의 냄새까지 없애주는 일거양득의 효과를 얻을 수 있다.

④ 밥을 맛있게 짓는 법

쌀 9홉 정도에 백탄 100g을 넣어 밥을 지으면 숯의 원적외선 활동으로 밥이 윤기 있고 고들고들 해지며, 숯에 함유된 미네랄이 녹아 영양도 풍부해진다.

목초액

숯을 구울 때 연기가 많이 나는데 이 연기의 대부분은 수분이고, 탄화의 마지막에는 섬액분이 낳이 석여 나온다. 연기의 색이 회백색 단계일 때나 연기가 뭉게뭉게 피어오르는 때(연기의 온도는 약 80~150℃) 나무의 수액을 채취한 것을 목초액이라고 한다. 목초액 성분은 80~90%가 물, 나머지는 미량 성분(유기미네랄), 수분을 제외한 주성분은 초산 등 200종류 이상의 화합물이다.

목초액은 많은 양의 원적외선을 내뿜기 때문에 물에 희석시키면 물의 분자집단을 아주 조밀하게 만든다. 이러한 물은 농업이나 축산뿐만 아니라 환경을 정화하는 데도 큰 역할을 한다. 온천수는 클러스터가 적은 100Hz 정도이지만, 목초액은 소량만 희석해도 온천수의 몇 배의 위력을 발휘할 수 있다. 이런 물에 목욕하면 피부가 매끄러워지고 미용이나 피부병, 냉증에도 효과가 뛰어나다. 몸에 좋지 않은 염소 대신 목초액으로 수영장 물을 소독하는 곳이 있는데 이 수영장의 물은 온천수 이상으로 매끄럽다고 한다.

숯과 목초액을 이용한 건강 목욕

고온에서 구운 단단한 구조의 백탄을 물로 잘 씻은 뒤 천이나 부직포 주머니에 3kg 정도 넣고 목욕물에 넣으면 숯의 미네랄 성분이 용해되어 온천의 효과가 가장 높다. 이런 숯 목욕을 하면 신경통, 류머티즘, 오십견, 요통, 냉증, 아토피성 피부염, 무좀 등에 좋은 효과를 얻을 수 있다. 또한 목초액의 강한 침투력이 어우러진 목욕을 매일 하면 냉의 추방과 스트레스 해소, 그리고 숙면으로 건강한 생활을 할 수 있다.

(7) 겔라이트

겔라이트는 백악기의 화산재가 오랜 세월 풍화되고 축적되어 만들어진 천연광물이다. 성분검사 결과 황토보다 187배나 좋은 성분이 농축되어 있어 슈퍼 황토로 알려졌다(게르마늄 함유량, 탈취 효과, 살균, 곰팡이 제거, 음이온, 원적외선 등). 친환경 광물 소재로 게르마늄 함유량이 2.0ppm이며, 다량의 원적외선과 음이온을 함유하고 있으며, 일반적으로 알려진 포졸란과는 성분이 다르다. 아토피와 염증 치료에 탁월한 효과가 있음이 입증되었으며, 전자파 차단과 항균 효과도 뛰어나다.

겔라이트의 특성 및 기능

① 수맥과 유해한 전자파 차단 및 항균 작용과 곰팡이 제거 효과

② 게르마늄 효과

③ 신진대사 촉진 및 경락 순환 효과

④ 단열, 보온, 방습 및 방음 효과

⑤ 산소 공급, 습도 조절 및 토양의 알칼리화

⑥ 탈취, 유해물질과 시멘트 독성 제거 및 중금속의 중화

⑦ 양질의 원적외선 및 음이온 방출 효과

⑧ 수질 정화

⑨ 생체활성에너지(氣) 방출

겔라이트 음이온의 4대 효과

① 정화 작용 : 체질의 알칼리화 및 혈액 정화

② 부활 작용 : 세포의 부활 및 재생

③ 저항 작용 : 바이러스에 대한 저항력 증가

④ 조절 작용 : 자율신경계의 균형을 조절

(8) 소금

소금은 인체 내 신진대사를 촉진시킬 뿐만 아니라 인체의 생리기능이 정상적으로 기능하기 위해 절대적으로 필요한 미네랄, 나트륨, 칼륨, 니켈, 철, 아연 등등을 공급한다. 미네랄은 깨끗한 물 속에도 소량이 존재하지만 대개 음식물을 통해서 공급되는데, 미네랄의 주요 공급원이 바로 소금이라 할 수 있다. 따라서 인체에 유익한 각종 미네랄 덩어리인 소금돌을 쌓아 올린 공간에 열을 가하여 땀을 흘리는 소금사우나는 신진대사를 원활하게 해주며 인체의 노폐물을 땀과 함께 배출시켜 피부를 부드럽게 해주고 피부병 치료에도 좋은 효과를 보인다. 또한 엉치, 골반, 허리 등이 쑤시고 결리는 증상을 완화시키고, 국소 살균소독 및 여성질환 치유에도 효과가 있다.

소금을 목재나 황토에 사용할 경우

소금은 지연제 · 방부제 · 방충제로서 좋은 효과를 가지고 있으나, 백화나 분리, 부식 후 산화시키는 성질도 가지고 있다. 소금을 목재 기둥 밑에 뿌리면 염수가 빠지면서 방부 · 방충 처리를 해준다. 또한 황토방에 사용할 경우 벌레 퇴치 및 습윤 지연제 역할을 한다. 황토방에 소금을 뿌리려면 구들 시공 후 황토 마감을 하고 바닥에 왕소금을 뿌려 놓고 불을 때면 습기가 올라오면서 염수가 빠진다. 이때 고무신 같은 요철이 없는 신발을 신고 방을 골고루 밟아주면 강도도 생기고 균열도 방지되며, 염수가 지연제 역할을 해주기 때문에 천천히 마르면서 균열이 작게 발생한다.

2
부록

문화재
수리 온돌
표준시방서

문화재 수리 온돌 표준시방서

● 일반사항

1. 적용 범위

① 이 시방은 문화재 수리 및 이에 준하는 공사 중 온돌공사에 적용한다.

② 온돌공사라 함은 구들, 연도, 굴뚝, 아궁이 등의 수리 및 설치를 말한다.

2. 쓰임말 정리

① **온돌** : 난방을 하기 위하여 방바닥 밑에 불을 지펴서 바닥을 덥게 하는 구조체

② **고래둑** : 구들장을 올려놓기 위해 진흙, 돌, 와편, (흙)벽돌 등의 재료를 사용하여 만든 두둑

③ **고래** : 고래둑과 고래둑 사이의 공간

④ **구들장** : 굄돌과 고래둑에 걸쳐 놓아 방바닥을 형성하는 넓고 얇은 돌

⑤ **굄돌** : 고래둑을 설치하지 아니하는 곳 또는 허튼고래에서 구들장을 받도록 한 구조물

⑥ **개자리** : 고래를 통해 흐르는 화기와 연기를 모아 굴뚝으로 보내기 위해 일정한 너비와 깊이로 방구들 윗목에 파낸 고랑

⑦ **불목** : 불아궁 안에서 장작 등의 땔감이 연소되는 곳으로 아궁이 쪽의 화기와 연기를 고래로 넘어가게 하기 위하여 경사지게 불고래를 만든 구조

⑧ **함실** : 부뚜막을 두지 않는 구조에서 방바닥 밑으로 직접 불을 때게 만든 아궁이

⑨ **사춤돌** : 구들장을 놓은 다음 그 사이에 끼워 메우는 작은 돌

⑩ **시근담** : 구들장을 걸치기 위해 고막이 안쪽으로 내어 쌓은 고래둑

⑪ **고래바닥** : 고래둑을 쌓아 올리거나 굄돌을 놓기 위해 다져 놓은 바닥

⑫ **연도** : 개자리에서 굴뚝으로 연결하는 연기의 통로

⑬ **고래켜기** : 온돌방에 구들을 놓을 때 바닥을 도랑모양으로 줄지어 파고 그 옆 두둑을 만드는 일

⑭ **부넘기** : 구들골이 시작되는 어귀에 조금 높게 만든 언덕

⑮ **고래 구멍** : 아궁이 불목에서 고래로 화기와 연기가 지나갈 수 있도록 고막이 벽을 뚫은 구멍

⑯ **함실장** : 함실아궁이 위를 덮는 넓고 두꺼운 구들장

⑰ **불목돌** : 불목을 덮는 넓고 두꺼운 구들장

⑱ **거미줄 치기** : 구들장 사이의 틈을 사춤돌로 채우고 진흙으로 메워 바르는 것

⑲ **굴뚝개자리** : 굴뚝하부를 한층 깊이 파서 연기의 역류를 막으며, 그을음?재 등이 모이게 하는 곳

● **재료**

1. 구들(장)

① 두께 60㎜ 내외의 얇고 넓게 쪼갠 점판암 또는 화강암 등을 사용한다.

② 구들장은 일반적으로 정방형의 형태를 사용한다. 단, 구들의 형태에 따라서 다양한 형태의 구들장을 사용할 수 있다.

③ 이 밖에 고래둑, 시근담, 함실, 개자리, 굴뚝 등에 사용하는 재료는 기존 기법 (돌, 와편, 전돌 쌓기)에 따른다.

● 조사

1. 사전조사

① 구들, 아궁이, 굴뚝의 위치, 형태, 규모 등

② 구들장의 침하 위치와 침하 정도

2. 해체조사

① 바닥의 장판지를 제거한 후 방바닥과 하방의 높이 차이 등

② 구들장 위의 부토, 미장 바르기 등의 바름 횟수, 두께, 사용 재료 등

③ 구들장 각각의 규격과 설치 위치, 형태 등

④ 고래둑의 형태 및 설치 방식, 고래바닥의 경사도 등

⑤ 개자리의 위치와 규격, 사용 재료, 불목과 함실의 크기와 위치, 형태 등

⑥ 부뚜막, 아궁이, 굴뚝, 연도 등의 형태와 크기 등

⑦ 건립 당시와 근래 수리 시의 변형 여부 확인

● 해체

① 구들장 위의 부토와 미장 바르기를 제거하고 구들장을 해체한다.

② 구들장은 윗목에서 아랫목 방향으로 해체하고, 해체 시 고래둑과 개자리 등이
훼손되지 않도록 한다.

③ 고래둑은 한 고래씩 해체한다.

④ 고래둑을 해체하기 전에 굄돌을 해체하여 따로 적치한다.

⑤ 불목, 함실, 개자리, 연도는 부분별로 해체한다.

⑥ 해체된 구들장은 세워서 보관한다.

⑦ 고래바닥은 조사 목적 이외에는 해체하지 아니한다.

● 시공

1. 구들 놓기

1.1 고래켜기

① 고래켜기는 기존의 구들 형태(나란히고래, 선자고래, 허튼고래, 기타 고래)와 같게 한다.

② 아궁이, 고래바닥, 개자리, 연노, 굴뚝 등의 밑바닥은 설계도서에 따라 파내거나 돋우어 손달구 등으로 다짐한다.

③ 고래바닥은 연기의 흐름을 좋게 하기 위하여 아궁이 쪽은 낮게, 개자리 쪽은 높게 하여 경사지도록 한다.

④ 고래바닥은 아궁이 쪽은 부넘기를 설치하고, 개자리 쪽은 바람막이를 설치한다.

⑤ 아궁이에서 재거름을 할 수 없는 고래는 아궁이 양옆 고막이에 재거름 구멍을 설치하고 막는다.

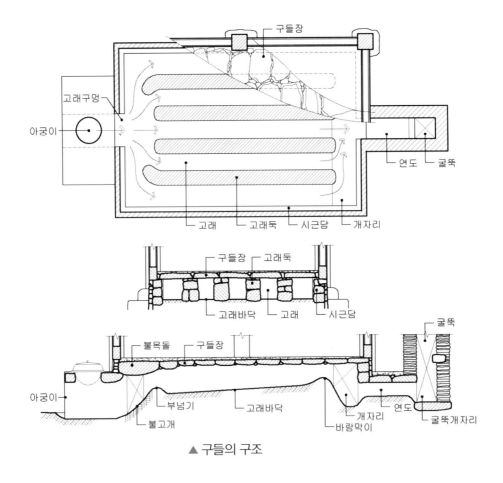

▲ 구들의 구조

1.2 고막이 · 시근담 쌓기

① 구들이 놓이는 방의 고막이는 시근담과 일체되도록 동시에 쌓는다.

② 고막이 및 시근담의 기초부는 고래바닥보다 깊게 한다.

③ 고막이벽은 하방과 밀착시키고, 시근담은 고래둑과 높이를 같이 하되, 폭은 120㎜ 이상으로 한다.

④ 쌓기 완료된 시근담은 화기와 연기가 외부로 새지 않도록 진흙으로 면 바르기를 한다.

⑤ 고막이, 시근담에 사용하는 재료는 돌, 와편, 전돌 등을 사용한다.

1.3 불목

① 불목은 아궁이에서 화기와 연기가 고래로 넘어갈 수 있도록 설치된 고래구멍, 불고개, 부넘기로 구성하여 시공한다.

② 고래구멍 바닥에서 고래바닥으로 연결되는 불고개는 경사도 70~80° 정도로 경사지게 설치한다.

③ 부넘기는 고래바닥이 시작되는 어귀에 잔돌과 반죽한 진흙으로 원뿔형 모양으로 설치한다.

④ 부넘기는 고래둑의 높이, 고래바닥의 너비에 따라 적정한 폭과 높이로 한다.

⑤ 불고개의 경사면은 화기와 연기가 잘 넘어갈 수 있도록 진흙 또는 생석회를 섞은 진흙으로 면 바르기를 한다.

⑥ 불목 부분에 있는 하방, 문지방 등의 목부재는 최소 200㎜ 이상 진흙 등의 불연재료로 감싼다.

1.4 함실

① 함실의 형태는 반원형, 방형, 일자형 등으로 설계도서에 따른다.

② 함실벽은 수직으로 축조하고, 불고개를 설치할 경우에는 70~80° 내외로 경사지게 설치할 수 있다.

③ 함실의 크기는 설계도서에 따르되, 고래 방향으로 300~600㎜, 아랫목 벽체 방향으로 450~600㎜ 내외로 시공한다.

④ 함실아궁이 양 옆에는 붓돌을 세우고 상단에는 화기 방지턱이 있는 이맛돌을 걸쳐 놓는다.

⑤ 이맛돌 하단은 하방, 토대 등 목부재로부터 최소 200㎜ 이상 이격하여 설치한다.

⑥ 함실벽 쌓기용 재료는 막돌, 와편, 전벽돌, 가공석 등을 사용한다.

⑦ 함실아궁이 문의 재료는 주철재 또는 철판을 사용한다.

1.5 개자리

① 방과 고래의 형태에 따라 1변 또는 2변에 개자리를 설치한다.

② 개자리는 폭 240~450㎜, 깊이 300~600㎜ 내외로 설치한다.

③ 개자리 벽은 막돌, 와편, 화강석, 전벽돌 등을 사용하여 바르게 쌓고 진흙 바르기 등으로 마감한다.

④ 개자리 바닥은 수평으로 하여 잘 다진다.

1.6 고래둑 쌓기

① 고래둑의 형태와 개수는 설계도서에 따른다.

② 고래둑 쌓기의 재료는 막돌, 전벽돌, 흙벽돌, 와편, 화강석 등으로 한다.

③ 고래둑의 폭은 150~300㎜, 높이는 150~450㎜ 내외로 한다. 이때, 고래 간격은 300㎜ 정도로 한다.

④ 고래둑의 너비는 일정하게 하되, 아궁이 쪽에서 꺾어 선자고래 형식을 취할 때는 고래둑의 너비를 조정하여 설치한다.

⑤ 고래둑의 중간을 끊어 설치할 경우에는 담당원의 지시에 따른다.

⑥ 허튼고래로 시공할 경우에는 고래둑을 쌓지 않고 굄돌로 구들장을 고인다.

1.7 구들장 놓기

① 아랫목에 시공하는 함실장, 불목돌과 출입이 많은 곳에는 일반 구들장보다 두껍고 큰 것을 사용한다.

② 구들장은 아랫목에서 윗목 방향으로 약간 높고 경사지게 설치한다.

③ 고래둑 위에서의 구들장과 구들장의 틈새는 30㎜ 내외로 하고, 고래에서의 구들장은 맞대어 설치한다.

④ 구들장은 길이 방향이 고래둑에 얹히도록 한다.

⑤ 구들장 각각의 모서리가 고래둑에 밀착되지 않을 경우에는 굄돌을 고여 움직이지 않도록 한다.

⑥ 구들장이 맞닿는 부분에 생기는 틈은 사춤돌로 채우고 반죽한 진흙으로 화기나 연기가 새어 나오지 않도록 거미줄 치기를 한다.

⑦ 부토는 건조된 부드러운 흙 또는 마른 모래를 사용하며, 두께 30㎜ 이상으로 깔고 수평지게 고른다.

⑧ 부토 위에 중간 정도 묽기의 진흙 반죽을 수평되게 초벌 바르기를 하고 아궁이에 불을 넣어 바닥을 충분히 건조시킨다.

⑨ 초벌 바르기를 한 바닥이 건조되면 적당한 묽기의 진흙 반죽으로 수평되게 재벌 바르기를 한다.

⑩ 재벌 바르기 후 건조되면 진흙 또는 생석회로 미장 바르기를 한다.

1.8 연도

① 연도는 개자리 구멍과 굴뚝 사이를 직선으로 연결한다.

② 연도는 개자리 깊이의 중간보다 낮은 곳에서 뚫어 나가게 한다.

③ 윗면은 판석 등으로 얹고, 돌과 돌 사이의 틈은 잔돌과 진흙으로 메운 다음 생석회 반죽 등으로 마감한다.

④ 옆면은 화강석, 전벽돌 또는 막돌 쌓기 등으로 시공한다.

2. 굴뚝

2.1 재료

① 굴뚝에 사용하는 재료는 내화, 내열 및 내구적인 것을 사용한다.

② 굴뚝은 돌과 반죽한 진흙을 켜로 쌓거나, 속을 파낸 원통형 나무, 목재, 토관, 전벽돌 등을 이용하여 시공한다.

2.2 설치 방법

① 각각의 재료에 따른 굴뚝의 설치 방법은 이 시방에 따른다.

② 굴뚝개자리는 폭 300㎜ 내외, 깊이 180~900㎜ 내외로 설치한다. 단, 연기의 흐름에 지장이 없는 경우에는 담당원의 승인을 받아 굴뚝개자리를 설치하지 않을 수 있다.

③ 굴뚝 배기구는 설계도서에 정한 바가 없는 경우에는 지붕 처마에서 600㎜ 이상 이격하여 설치한다.

④ 굴뚝 상부에는 판석, 연가, 기와 등으로 덮어 빗물 등의 침투를 방지한다.

3. 부뚜막

3.1 재료

① 부뚜막에 사용하는 재료는 내화재료를 사용한다.

② 부뚜막의 외벽, 아궁이의 내벽은 막돌 등을 사용하여 진흙으로 쌓고, 부뚜막 외벽 마감은 생석회 반죽 등으로 바른다.

3.2 설치 방법

① 부뚜막의 크기는 설계도서에 따른다.

② 아궁이와 불목이 연결되는 고막이 부분에는 고래구멍을 설치한다. 고래구멍의 상단은 하방으로부터 200㎜ 이상 이격하고 내화재료를 사용한다.

③ 부뚜막의 외벽과 아궁이의 내벽을 쌓아 올리면서 내부에는 진흙 또는 잡석을 섞은 흙으로 채워 넣는다.

④ 채우기가 완료된 부뚜막 상면에는 잡석을 깔고 진흙 또는 생석회 반죽으로 마감한다.

4. 불 때기

① 구들 말리기, 구들 불길의 확인을 위하여 불 때기를 할 경우에는 때기 시작하여 완전히 꺼질 때까지 불을 감시하는 사람을 두고, 소화기 등을 준비한 후 불 때기를 한다.

② 불 때기를 할 때 방의 내부, 외부의 고막이, 연도, 굴뚝 등을 점검하여 화기나 연기가 새어나오는지 확인한다.

③ 열이 서서히 올라가도록 조절하여 불을 때고, 불길이 구들 사이의 갈라진 틈이나 고막이 등으로 새어나올 경우에는 갈라진 틈을 메운 후 다시 불 때기를 한다.

④ 불 때기가 끝나면 아궁이 내의 불을 완전히 끄고, 불씨와 가연물질을 제거한 후 담당원의 승인을 받는다.

나무와 흙 주요 취급 품목

〈한옥 자재〉
– 황토 제품 : 자연황토, 제조황토, 황토벽돌, 황토페인트, 황토본타일, 황토보드, 황토타일, 맛사지황토, 황토볼
– 구들 자재 : 현무암, 화강암, 편마암, 내화벽돌, 내화물, 적벽돌, 흡출기, 화구(불문)
– 목재 종류 : 원목, 제재목, 서까래, 육송, 미송, 외송, 다그라스, 편백(히노끼), 낙엽송, 방부 목, 구조목, 수입 합판, 중고 목재 인테리어 자재 外)

〈사우나 자재〉
– 옥돌, 자수정, 암염자갈, 암염원석, 암염벽돌, 소금램프, 각종 자갈, 침대석(맥반석, 흑운모, 취옥, 황토석), 지압볼, 유황석, 방열기 外

〈기능성 자재〉
– 일라이트, 맥반석, 토르마린(전기석), 게르마늄, 겔라이트(포졸란), 피톤치드(소나무향), 참숯, 식물성 풀, 하이바글라스 外

〈기타 자재〉
– 태양열 온수기, 원두막 및 방갈로(가든용 & 피서용 주문 제작)

〈시공 사업부〉
– 한옥, 흙집, 전통 구들방, 원두막, 방갈로, 황토보드, 태양광 설치, 태양열 온수기

▲ 300×150×60

▲ 300×150×100

▲ 300×150×150

▲ 300×150×200

▲ 현무암 부정형

▲ 현무암 500*500*50T

▲ 친환경 황토보드

▲ 채로 친 황토

▲ 제조황토(25kg)

▲ 본타일+페인트

▲ 일라이트

▲ 황토석

판매처 : 나무와흙　경남 양산시 명동 1003번지　055)366-2006　전 취급 품목 전국 운송 가능 (www.woodnsoil.com)

나무와 흙 구들연구원의 황토집 짓기 수강 안내

행복한 미래와 건강한 생활을 위한 황토집!
이제 내 손으로 황토집을 지어보자!

대상

- 본인의 집을 황토집(전원주택)으로 직접 짓고자 하는 분
- 황토주택 시공을 체계적으로 배워 현장 참여를 원하는 분
- 취미 또는 건강을 위하여 친환경 자재로 짓는 방법을 배우고자 하는 분

교육 내용

- 건축 기초이론, 자재 구입 요령, 황토집 견적과 자재 산출, 황토집의 관리보수
- 황토집 짓기 실무 : 목재 다듬기, 구들 놓기, 황토벽 쌓기, 심벽 치기, 황토 미장, 기타
- 교육 기간과 시간 : 정규과정 매년 3 · 9월 첫 토요일 개강, 총 12회(토요일 8회, 일요일 4회), 1일 6시간 교육(10:00~17:00)
- 참가비 : 100만 원(교재비, 실습비, 중식비, 공구사용 모두 포함)
- 참가 인원 : 기수 당 30명 전후(선착순)

교육 기관

- 시행 : 나무와 흙 구들연구원 (055)366-2006

지도교수

- 실습 지도교수 : 나무와 흙 구들연구원 관요 문재남 원장

교육 문의 및 접수

- 상담 및 접수 : 평일 오전 10:00~오후 17:00, 공휴일, 토요일 오전 10:00~오후 15:00
- 접수처 : 경남 양산시 명동 1003번지(경남 양산시 덕명로 319-15) 나무와 흙 구들연구원 사무국
- 대표전화 : 055)366-2006 / FAX : 055)366-2011
- 연중 수시 접수하며 사전 예약자에 한해 접수순으로 과정 편성
- 등록계좌 : 농협 856-01-116295 김혜순

특전

- 본 연구원 수료자는 연구원에서 주관하는 각종 교육과 행사 등에 우선 초대
- 본 연구원 수료 동문에 한해 황토 관련 자재 할인 혜택
- 황토집 건축 시 기술지도 및 동문 자치 품앗이 시공 알선 혜택

나무와 흙 구들연구원의 교육일정표

○ **정규과정 주말반 : 흙집 짓는 방법**
- 봄학기 : 3월 첫 토요일 개강, 1일 6시간(10~17시) 12회 과정
- 가을학기 : 9월 첫 토요일 개강, 1일 6시간(10~17시) 12회 과정
- 중간학기 : 5월 중순~11월 중순, 희망 인원 10명 이상 참여시(12회 과정)

○ **속성과정 : 조적, 미장, 구들, 타일, 한식미장**(기능사, 시공기능장)
- 일반과정 평일반 : 5박 6일(월요일~토요일) 1주간, 09시~18시까지
- 심화과정 평일반 : 5박 6일(월요일~토요일) 2주간, 09시~18시까지
- ※ 직업으로 현장에 참여할 분이나 자격증이 필요한 분, 8명 이상 신청 시 개강, 수강료 일반 60만 원, 심화 100만 원(숙식비 포함)

○ **일요일 속성반**
- 매주 일요일 6주 과정(10시~18시까지)
  - 전반기 : 5/27, 6/3, 6/10, 6/17, 6/24, 7/1
  - 후반기 : 11/25, 12/2, 12/9, 12/16, 12/23, 12/30
- ※ 8명 이상 신청 시 개강, 수강료 50만 원(중식포함)

※ **교육 내용**
- 기초 방법, 목재 치목, 벽돌 쌓기(조적), 구들, 미장, 관리 방법

- -

○ **국비지원과정반**
- 직업전문기능사 과정 : 목공, 조적, 미장, 한식미장, 온돌(구들), 다기능
- 주말과정 · 평일과정 : 1개월, 3개월, 6개월